はじめに――農薬の効かせ上手になって減農薬へ

農薬をめぐってはこの間、さまざまな動きがあります。

一つは、２００２年の農薬取締法の改正と２００６年の残留農薬に関するポジティブリスト制度の施行による農薬の使用法の規制強化です。その作物に登録された農薬を、決められた方法で使用しないと農家にも罰則が科されるようになりました。また、防除しようとする作物の隣の別な作物に農薬がかかってしまったら（登録のない農薬の場合）、隣の作物は出荷できなくなりました。直売所出荷のような多品目栽培で農薬を使うには、さまざまな対策をとる必要がでてきました。

もう一つは農薬の耐性あるいは抵抗性発生の問題です。農薬は、同じ有効成分のものを続けて使うと、耐性をもつ菌や抵抗性をもつ害虫が増えて効かなくなってしまいます。人間のクスリでも「よく効くクスリほど、ひんぱんに使うと効かなくなってしまう」と聞いたことがあるのではないでしょうか。同じことが農薬でも起こっており、イネのいもち病、イネミズゾウムシ、イネドロオイムシ、野菜の灰色かび病、ハダニ、コナガなどに効かない農薬が出て、大きな問題になっています。よく効く農薬が開発されても、待ってましたとばかりに大勢で続けて使うと、すぐにまた効かなくなってしまうのです。

本書は、『現代農業』２０１８年６月号「今さら聞けない農薬の話　きほんのき」の巻頭特集をベースに過去の農薬に関する記事を加えて再編集したものです。まさに今さら聞けないような農薬の基本から、前述のような現場の課題まで幅広く応える内容です。耐性や抵抗性がつかない農薬の使い方ができるように開発された「ＲＡＣ《ラック》コード」を全編に表示したのも大きな特徴です。きっと農薬が今まで以上によく効くようになり、ムダな農薬を使わなくてすむので減農薬につながるはずです。

本書がみなさんのおいしい農産物づくりの一助になれば幸いです。

２０１９年６月

農山漁村文化協会編集局

目次

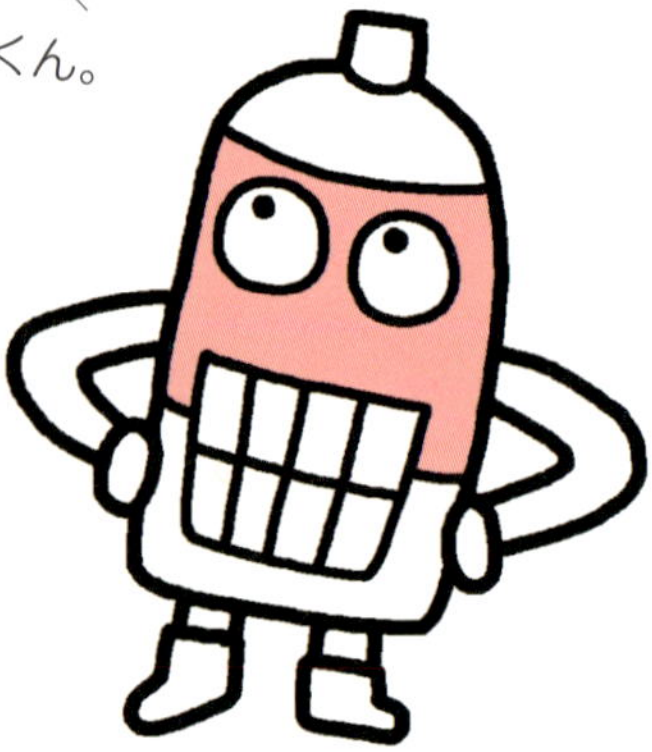
ボクはノーヤク・ラベルくん。
今さら聞けないような
「基本的なことなんだけど
大事な話」を
ボクが案内しマス

第2章 農薬ラベルには書いてない大事な話

目次

第3章　多品目栽培の農薬選び

第4章　果樹の農薬選び

第5章　イネの箱施用剤選び

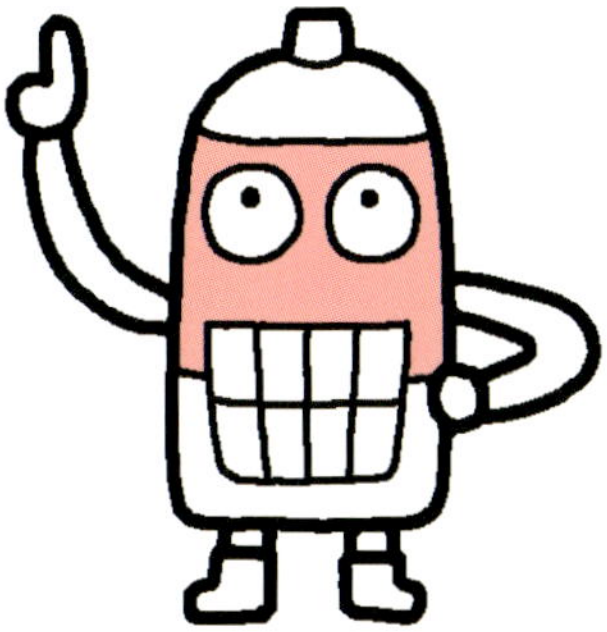

＊本書に記載した農薬の適用、RACコードは2019年3月時点のものです

●病害虫から

病　気

害　虫

作物別・病害虫別さくいん

＊ページは、掲載されている記事の始まりです。

●作物名から

野　菜

花

果　樹

イネ・畑作・特産

これ、何の仲間でしょう？

なんだか、名前が
ぜんぶ違いマスネ

答え すべてネオニコチノイド系の殺虫剤

名前が違うからといって、続けて使っていませんか？
でも、間違えるのも無理はないですよね。
ボトルや袋のラベルには、農薬の系統は書いてないんですから――。

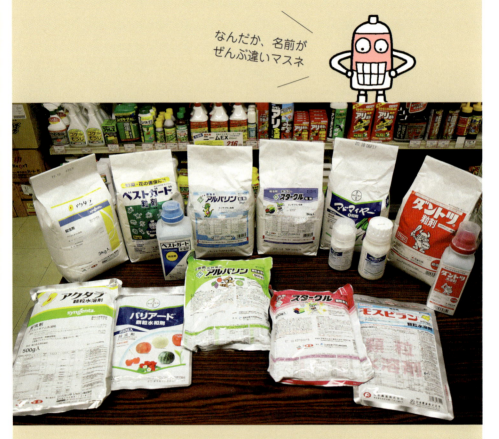

第1章

農薬ラベルからわかること

農薬ラベルからわかること

表面《おもてめん》を見る

カタカナだらけで覚えられない、
情報量が多すぎる、文字が小さくて、
そもそも読めマセン――。
農薬ラベルってとっつきにくいデスヨネ？

農薬袋やボトルのラベルには、記載しないといけないことが決まってマス

農薬ボトルも農薬の袋も、表示内容は同じデス

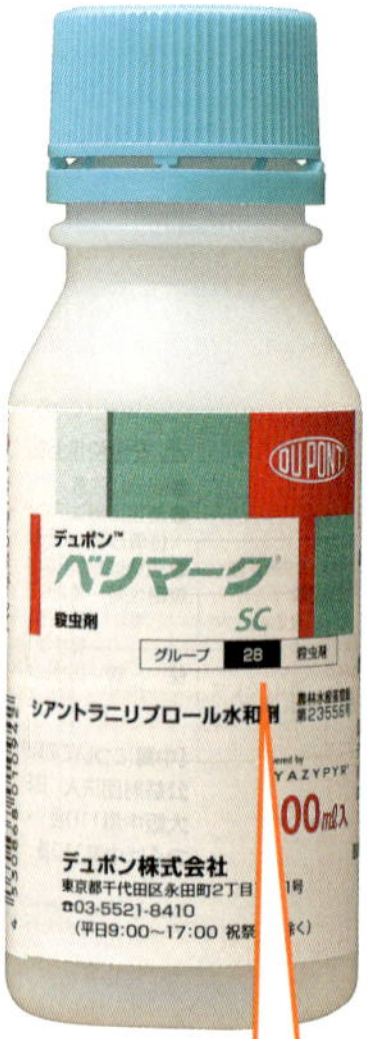

剤型
水和剤と水溶剤って何が違うかわかりマスカ？
⇒50ページ

有効成分
農薬の散布回数は、成分ごとに数えマス。よく見ると、商品名は違うけど中身は一緒、という薬剤もありマスネ
⇒18ページ

内容量
250gを1000倍で使うとして、これ1袋で500ℓ（500kg）タンクちょうど半分の薬液が作れマス。希釈倍数は裏面に書いてありマス
⇒97ページ、106ページ

有毒性
毒性・危険物の表示もありマス。毒物や劇物は印鑑がないと買えマセン

RACコード
農薬の作用機構分類（効き方の違い）がひと目でわかる記号。表示義務はまだありませんが、すべての農薬ラベルに表示してもらいたいものデスネ
⇒24ページ、26ページ

農薬の名前
農薬の商品名ってカタカナが多いデスネ。名前からわかることもありマスヨ⇒14ページ

農薬の種類
これは病原菌を殺す「殺菌剤」デスネ。農薬には他に、殺虫剤、殺虫殺菌剤、除草剤などがありマス

登録番号
登録農薬である「証」デス。これがない農薬は使えマセン

一般名
これは「マンゼブ水和剤」。マンゼブっていう成分が効くんデスネ⇒16ページ

製造場の名称および所在地
製造メーカーとその所在地が載ってマス

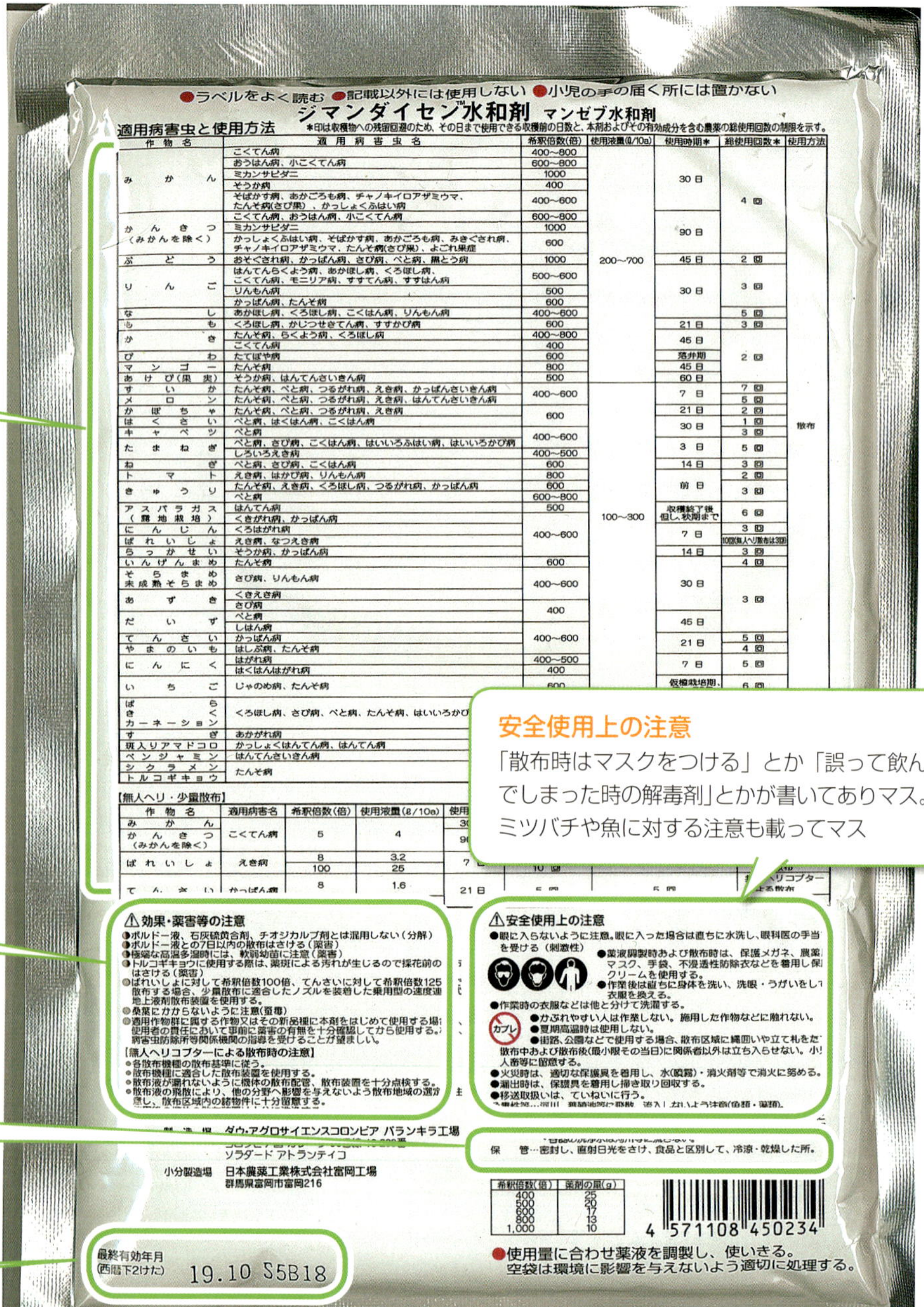

安全使用上の注意

「散布時はマスクをつける」とか「誤って飲んでしまった時の解毒剤」とかが書いてありマス。ミツバチや魚に対する注意も載ってマス

裏面を見る

登録内容が書ききれなくて、ラベルが巻き物のようになっている薬剤もありマス。農家が読みやすいように、農水省は文字の大きさを約 2.8㎜以上にするよう推奨していますが、物理上ムリなら「登録番号」と「最終有効年月」以外はもっと小さくしてもよいとしてマス

適用病害虫と使用方法

使える作物、効く病害虫、希釈倍数、単位面積当たりの使用量、使用時期、使用回数、使用方法が載ってマス

⇒44ページ

効果・薬害等の注意

「ミナミキイロアザミウマの卵と蛹には効きにくいから繰り返し散布する」とか「ナシでは新葉展開時に使うと薬害が出やすい」とかポイントが書いてありマス

⇒81ページ

保管方法

暑いハウスの中に置きっぱなしにしていると、効果が落ちマス

⇒105ページ

最終有効年月

期限が切れたら使えない？ 捨てるのも大変デス

⇒105ページ

農薬の名前の話

Q 農薬の商品名はカタカナばかりでわかりにくくない？

A 商品名から読み取れることも結構ある。

何に効くかヒントが隠されている

たしかにカタカナで意味不明のものが多い。でもランナーとかマラソンとかゴールとか、今にも走り出しそうな名前の農薬があったり、アニキとかマッチョとか、なんとなく頼りになりそうなネーミングを考えたりと、メーカーも頑張って知恵を振り絞っている感じは伝わってくる。親しみにくい農薬を、少しでも身近に感じてもらうための工夫なのかもしれない。

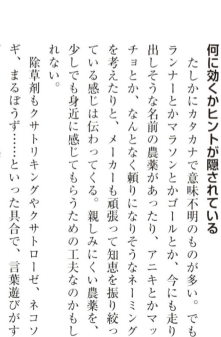

除草剤もクサトリキングやクサトローゼ、ネコソギ、まるぼうず……といった具合で、言葉遊びがすぎているようにも感じる。

ただし、「強そう」とか「面白い」だけでなく、その名前からわかることも、じつはけっこうある。大阪府環境農林水産総合研究所の草刈眞一先生に聞いてみた。

「マイト」がつくのはダニ剤

ダニ剤は殺虫剤の中でも少し特殊で、アオムシやアブラムシなど、ダニ以外の虫には基本的に効果が期待できない。多くはハダニやホコリダニ、コナダニ、フシダニ（サビダニなど）などにしか効かないダニ専用剤なのだ。

そのためか、ダニ剤の名前にはわかりやすいものが多い。ダニゲッター[23]やダニサラバ[25A]、ダニコング[25B]など、農薬名に「ダニ」とつくのはもちろん、カネマイト[20B]やサンマイト[21A]、マイトコーネ[20D]など「マイト」とつくのもダニ剤。ダニを英語でマイトと呼ぶからだ。

「ネマ」がつくのはセンチュウ剤

同じく、ネマトリンエース[1B]やネマキック[1B]、ネマクリーン[7]はセンチュウ専用。センチュウの学名ネマトーダから名付けている。

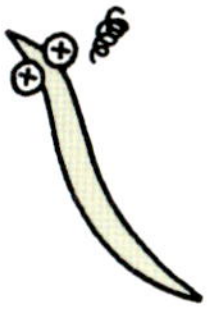

「モン」は紋枯病、「ボト」は灰かび

また、殺菌剤ではモンカット[7]やモンセレン[20]、モンガリット[3]など「モン」がつくのは紋枯病に、ボトキラー[未]やボトピカ[44]など「ボト」がつくのは灰色かび病（学名がボトリチス）によく効く薬剤だ。

「コン」は昆虫フェロモン剤

一方、昆虫フェロモン剤のネーミングはシンプルだ。ヨトウコン、コナガコン、ハマキコン、ヘムシコン、スカシバコンLなど、いずれも特定の害虫をねらっていることがよくわかる。

「コン」は「混乱させる」という意味の英語コンフューズからきていて、合成性フェロモンを利用して雄と雌を出合いにくくする剤であることがわかる。

ラブバッサバリダスミ!?

殺虫剤や殺菌剤の混合剤の場合は、商品名からその混合成分が連想できるようになっていたりする。

例えば水稲用の殺虫殺菌剤ビームバシボン。これはいもち剤のビーム[16.1]と紋枯剤のバシタック[7]、ヨコバイやイネミズゾウムシなどに効く殺虫剤のトレボン3Aからそれぞれ名前の一部をとっている。同じくラブバッサバリダスミ。こちらはラブサイド16.1、バッサ1A、バリダシンU18、スミチオン1Bの4種混合だそうで、声に出すと舌を噛みそう。ラブサイドとバリダシンが殺菌剤、バッサとスミチオンが殺虫剤で、いもち病、紋枯病、イナゴ類、ウンカ類、カメムシ類、ツマグロヨコバイ、ニカメイチュウと、稲作で困りそうな病害虫を、1剤でだいたいカバーしてやろうという薬剤だ。

　まるで連想ゲームみたいだが、名前を読み解けば、農薬にとっつきやすくなるかもしれない。（編）

A 農薬の本当の名前は「種類名（一般名）」。種類名のほうがわかりやすい場合もある。

ジマンダイセンの正体は「マンゼブ水和剤」

ラベルには「商品名」だけでなく、農薬の「種類名」も書くことになっている。これはよく「一般名」とも呼ばれるもので、農薬の正体を表わす「本当の名前」ともいえる。例えば11ページの「ジマンダイセン水和剤」は商品名で、その下に小さく書いてある「マンゼブ水和剤」というのが種類名だ。

　種類名はたいがい「有効成分名」と「剤型」をくっつけた表記になっている。ジマンダイセンでいえば「マンゼブ」というのが有効成分で、「水和剤」というのが剤型（成分の話は18ページ、剤型の話は50ページ）のこと。

　そして、マンゼブ水和剤はジマンダイセンだけではない。ほかにペンコゼブ水和剤という商品もある。販売メーカーも多数あって、それぞれジマンダイセン水和剤（ダウ・ケミカル）、クミアイペンコゼブ水和剤（クミアイ化学）、MICペンコゼブ水和剤（三井化学アグロ）という商品名で販売しているが、その正体は、すべてマンゼブ水和剤というわけだ（ただし、登録内容が異なる場合もある）。

　また、顆粒水和剤やフロアブル剤も水和剤を使いやすく加工したものなので（54ページ）、農薬の種

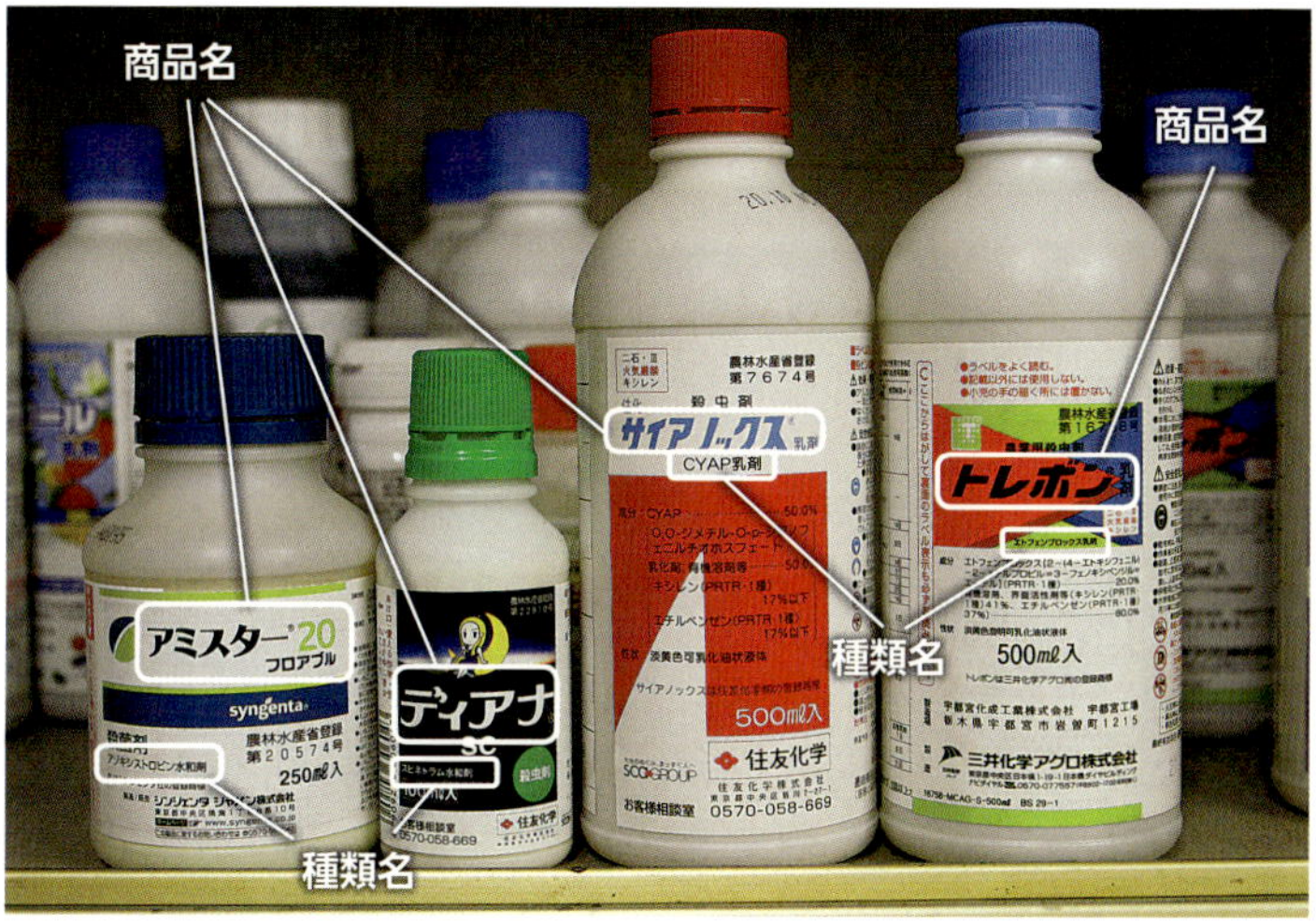

農薬ラベルには、商品名と
種類名（一般名）が明記してある

類名においては水和剤と表記される。つまり、各社から販売されているジマンダイセンフロアブルやペンコゼブ顆粒水和剤もマンゼブ水和剤。農薬ラベルの種類名を見ると、商品名に惑わされず、中身を見抜くことができる、ともいえそうだ。

防除指針などには種類名で書いてある

農薬の種類名を目にするのは、試験場や普及センターの防除指針や報告書など。「カイガラムシが出やすい時期なので『マシン油乳剤』を散布する」といった具合に、商品名を書いていない場合があるのだ。

マシン油乳剤にはマシン油乳剤95というわかりやすい商品もあるが、それ以外にハーベストオイルやトモノール、エアータック乳剤などなど、各社から10種類以上の商品が出ている。ほかにも有機銅水和剤（商品名キノンドーやオキシンドー、サンキノリン、ドキリンなど）や水和硫黄剤（イオウ、クムラス、コロナなど）など、該当する商品が多い農薬は、種類名で表記されていたりする。

商品名をすべて挙げるわけにもいかず、いずれかだけ紹介すれば、えこひいきしていると思われかねない。そんな、公的機関ならではの配慮なのかもしれない。

編

成分の話

商品名：ジマンダイセン水和剤

種類名：マンゼブ水和剤

有効成分名：マンゼブ

系統名（RACコード）：多作用点接触活性 M

マンゼブの化学名：マンガン＝エチレンビス（ジチオカルバマート）（ポリメリック）コンプレックス亜鉛塩

化学名はとても覚えられまセンネ
農薬には、いろんな名前があるんデスネ

Q 農薬を名前ではなくて「成分」で呼んだり、数えたりすることもある。「成分」って何のこと？

A 農薬は病害虫に効く有効成分と、その働きを助ける補助剤でできている。

有効成分は農薬の心臓

例えばジマンダイセン M の成分は、マンゼブ80%と界面活性剤等20%。病原菌に効く有効成分はマンゼブで、界面活性剤等は補助剤だ。ジマンダイセンで病気が抑えられるのは、マンゼブが病原菌に触れて、主に胞子の発芽を抑制、植物体に侵入するのを防ぐから。農薬の心臓は、この有効成分だ。

ちなみに「マンゼブ」は正式な化学名（化学構造に基づいた名前）じゃない。化学名はとーっても長くてとても覚えられないので、農薬の有効成分名には、国際的に通用する略称が使われている（成分の略称を「一般名」「ISO一般名」と呼ぶこともある）。

マンゼブだって十分とっつきにくいが、その化学名に比べれば、はるかにマシといえるようだ。

ジマンダイセンの補助剤は展着剤

一方、補助剤とは、有効成分が作物に付着するのを助けたり、害虫の体内に入りやすくしたりするための成分のこと。ジマンダイセンの場合は界面活性剤なので、展着剤のようなものが入っていると思えばいい。補助剤には他に、乳化剤や溶剤、粘土鉱物や炭酸石灰などもある。なかには葉の表面のワックスを溶かしたり、クチクラ層を傷めたりする補助剤もあり、薬害の原因となることもある（81ページ）。

編

A 農薬の使用回数は「有効成分」でカウントする。

ジマンダイセンとペンコゼブは、同じマンゼブを有効成分とする殺菌剤だ。このように農薬には、「商品名は違うけど中身は同じ」という剤がある。だから農薬の使用回数は、その有効成分でカウントすることになっている。

例えば、ジマンダイセン水和剤とペンコゼブ水和剤は、どちらもリンゴの生育期間内に3回使える。しかし、ペンコゼブ水和剤を1回使った場合は、ジマンダイセンは2回しか使えない。つまり、ジマンダイセンとペンコゼブがそれぞれ3回ずつ使えるわけではなくて、有効成分のマンゼブを合計して3回使えると考えるのだ。

とくに気を付けたいのは最近増えている混合剤だ。例えば野菜の害虫に幅広く効く混合剤のジュリボを使った場合、ジュリボと同じ成分を使っているプレバソン 28 とアクタラ 4A の使用可能回数もそれぞれ1回ずつ減っているわけだ。

編

A 名前は違うのに有効成分が同じ農薬は多い。

対象の品目や病害虫、剤型が違う

商品名は違うのに成分は同じ。じつはそんな農薬がけっこういっぱいある。大阪府の草刈眞一先生によると、いくつかパターンがあるらしい。

ひとつは、特許切れの有効成分で作ったコピー剤の「ジェネリック農薬」(94ページ)。

もうひとつは、対象作物によって薬剤を作り分けたパターン。殺菌剤のアフェットとフルーツセイバーは同じ成分7だが、それぞれ主に野菜用、果樹用に特化して登録をとっている。

また、成分含有量を大きく変えて、対象病害虫や散布方法を変えているパターン(ライメイとオラクル21など)、剤型によって名前を変えているパターンもある(モレスタンとパルミノMなど)。たくさんあるので、対象作物が違う剤を除いて、主な農薬を一覧にしてみた(左ページ)。

名前だけ違う まったく同じ薬剤もある

中には、売り先によって名前を変えているだけのパターンもある。例えばネオニコチノイド系の殺虫剤スタークル顆粒水溶剤とアルバリン顆粒水溶剤(ともに4A)は成分も剤型も登録内容もまったく一緒。ジェネリック農薬ではなくて、開発メーカーがスタークルは農協(系統)、アルバリンは商系経由で販売するために、名前だけを変えているのだ。

このパターンもけっこうあって、ガスタード微粒剤とバスアミド微粒剤(ともに8)。ガスタードが農協経由)や、混合剤でいえばカンパネラ水和剤とベネセット水和剤(カンパネラが農協)などがある。

これは本当に紛らわしいと思う。農協と資材屋、両方から農薬を買っている農家も多いはず。さまざま事情もあるようだが、農家のためにも、同一成分散布による抵抗性回避のためにも、ぜひちょっと考え直してもらいたい。編

アレッ?
ボクはスタークルもアルバリンも持ってマシタ

同一成分を含む主な農薬一覧

有効成分		対象	同じ有効成分を含む農薬
MEP	1B	虫	ガットキラー、ガットサイドS、サッチューコートS、スミチオン、スミパイン、パインサイドS
TPN	M	菌	ダコソイル、ダコニール、パスポート
アセフェート	1B	虫	オルトラン、ジェイエース、ジェネレート、スミフェート
アミスルブロム	21	菌	オラクル、ライメイ
イソキサチオン	1B	虫	TDエース、カルホス、カルモック、ネキリエースK
イミダクロプリド	4A	虫	アドマイヤー、ガウチョ、タフバリア、ブルースカイ
エトフェンプロックス	3A	虫	アークリン、サニーフィールド、トレボン
カルボスルファン	1A	虫	アドバンテージ、ガゼット
クロチアニジン	4A	虫	ダントツ、ベニカ、ワンリード
シアントラニリプロール	28	虫	エクシレル、エスペランサ、バズ、パディート、プリロッソ、ベネビア、ベリマーク
シクロプロトリン	3A	虫	シクロサールU 、シクロパック
ジノテフラン	4A	虫	アルバリン、スタークル
シペルメトリン	3A	虫	アグロスリン、イカズチ、ゲットアウト
シメコナゾール	3	菌	サンリット、モンガリット
ストレプトマイシン	25	菌	アグリマイシン、アグレプト、ストマイ、ヒトマイシン、マイシン
ダイアジノン	1B	虫	ショットガン、ダイアジノン
チアメトキサム	4A	虫	アクタラ、アトラック、クルーザー
チウラム	M	菌	アンレス、キヒゲン、チウラム、チオノック、トレノックス
チオシクラム	14	虫	エビセクト、リーフガード
テブコナゾール	3	菌	オンリーワン、シルバキュア
フルジオキソニル	12	菌	ウイスペクト、セイビアー
フルスルファミド	36	菌	スキャブロック、ネビジン、ネビライト、ネビリュウ
フルベンジアミド	28	虫	フェニックス、ペガサス
プロベナゾール	P2	菌	Dr.オリゼ、オリゼメート
ペルメトリン	3A	虫	アディオン、エンバーMC、ガードベイトA、カダンAP
ホスチアゼート	1B	虫	ガードホープ、ネマトリン、ネマトリンエース、ネマバスター
マンゼブ	M	菌	グリーンダイセン、ジマンダイセン、ペンコゼブ
ミルベメクチン	6	虫	コロマイト、ダニダウン、ダニボーイ、ミルベノック
メタアルデヒド	8	虫	スネック、ナメキール、ナメトックス、マイキラーほか
メトミノストロビン	11	菌	イモチエース、オリザトップ、オリブライト
有機銅	M	菌	オキシンドー、キノンドー、サンキノリン、ドキリン、バッチレート、有機銅

※いずれも同じ作物に登録のある同一成分剤。 はジェネリック農薬

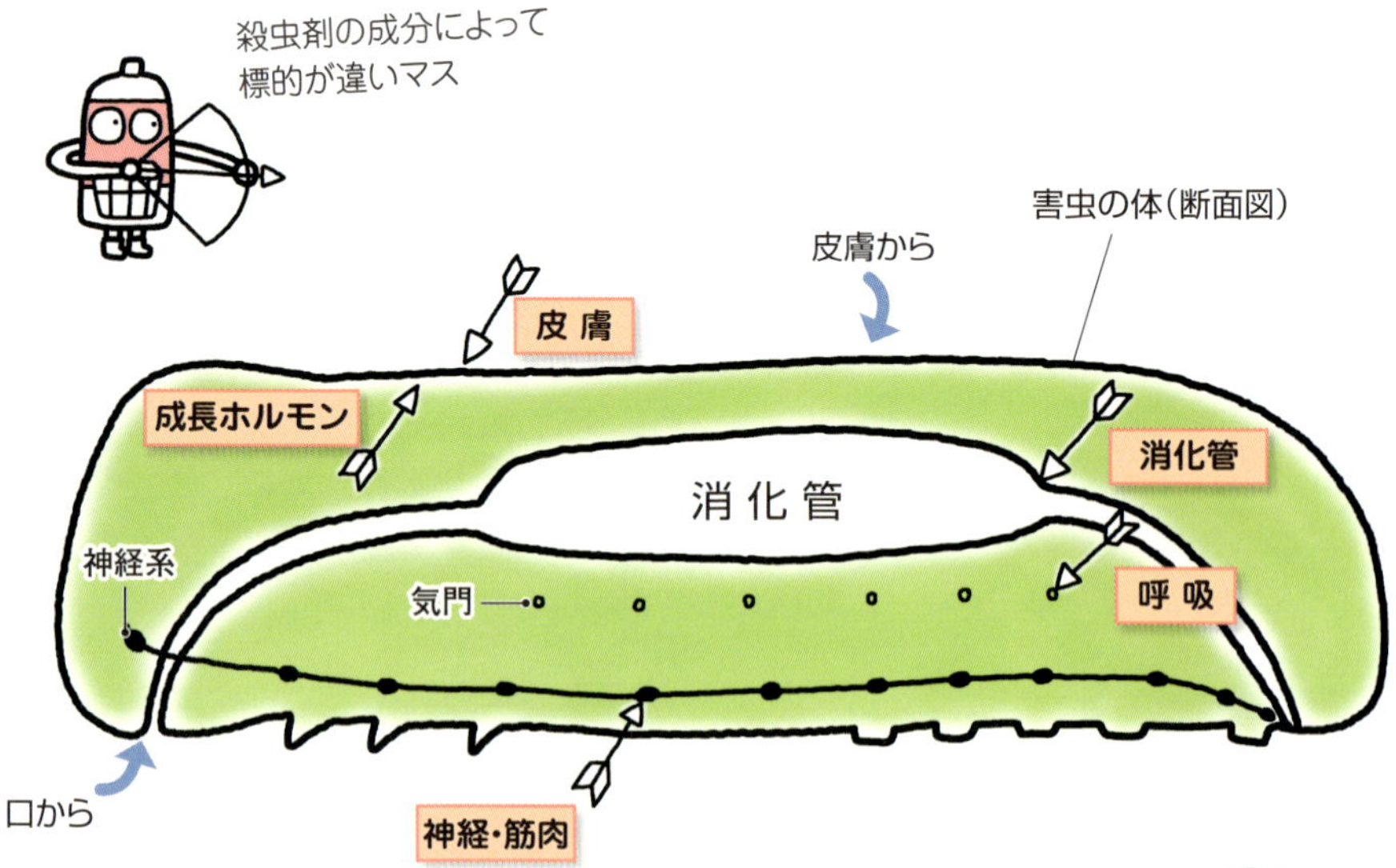

同じ成分の農薬を使い続けるとどうなる？

その農薬が効かなくなるかもしれない。

農薬は成分によってグループ分けできる

農薬が病気や害虫に効く仕組みは、それぞれの有効成分ごとに違う。例えば殺虫剤では、まず口から入って効く成分と皮膚から入って効く成分とがある。そして、体内に入った成分が標的にするのは神経・筋肉、呼吸（エネルギー代謝）、皮膚（キチン生合成）、成長ホルモン、消化器官の主に5つに分かれる。

そのうち一番種類が多いのは神経にダメージを与えるタイプで、それらも細かく見れば、信号伝達を邪魔するとか酵素の働きを阻害するとか、いくつかのタイプに分かれる（効き方が複数の場合もある）。だから殺虫剤は剤によって、散布してすぐに害虫がけいれんしたり、マヒしてダラッとしたり、

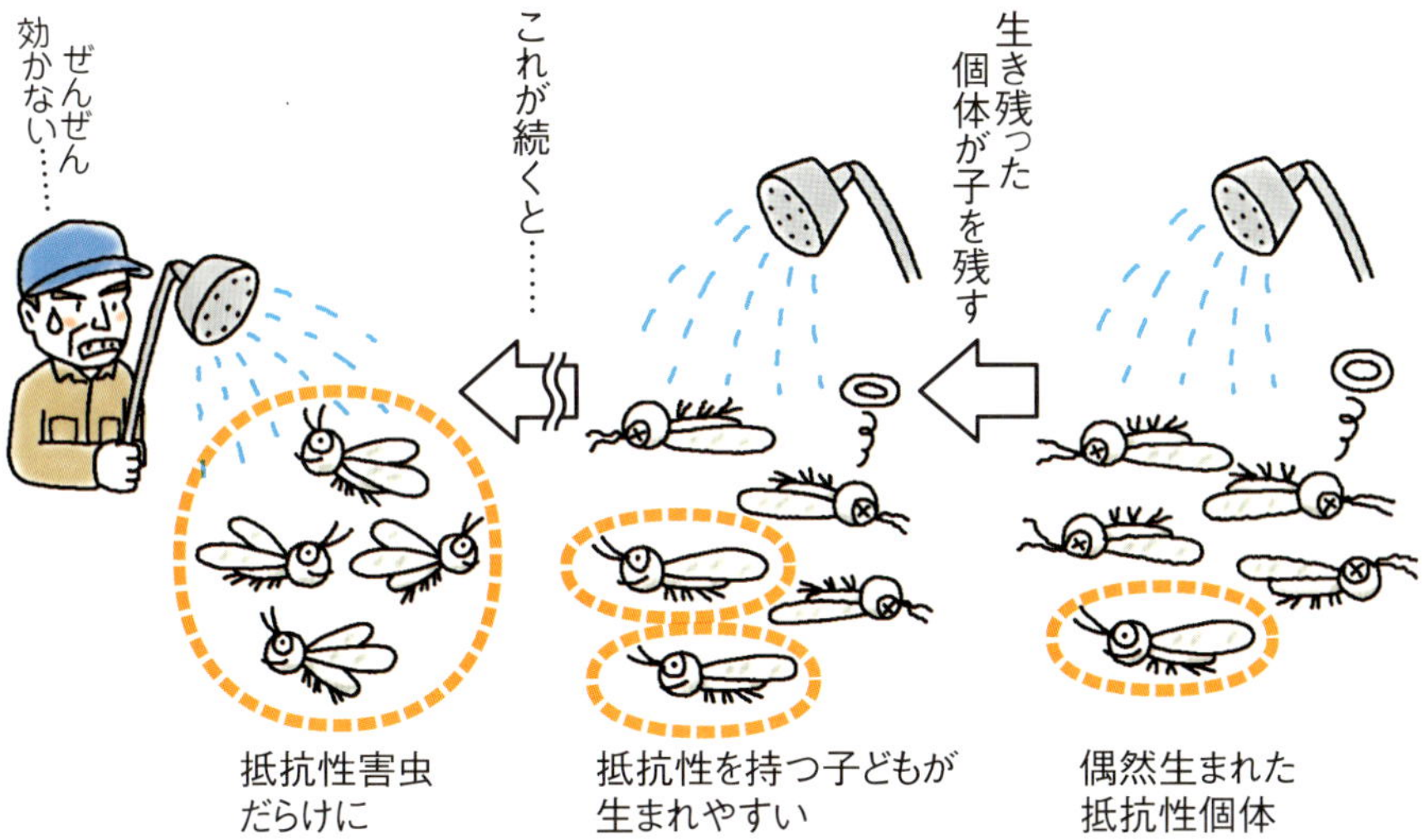
生き残った個体が子を残す
これが続くと……
ぜんぜん効かない……
偶然生まれた抵抗性個体
抵抗性を持つ子どもが生まれやすい
抵抗性害虫だらけに

むやみに歩き回り始めたり、死に方に違いが現われるのだ。

こうした、農薬が効くメカニズムのことを作用機作（作用機構）といい、数ある殺虫剤と殺菌剤は、それぞれいくつかの作用機作ごとにグループ分けすることができる。いわゆる「系統」だ。

同じ系統の殺虫剤が効かなくなる仕組み

同じ系統の殺虫剤は、害虫に対して同じように効くので、続けて使うといずれ効かなくなってしまう。

害虫にもそれぞれ個性がある。農薬の成分に対しても強いのと弱いのがいて、仲間がバタバタと倒れていく中、まれに平気で生き残るやつが現われたりする。そこで違う系統の殺虫剤を散布すれば、今度ばかりはそいつも死ぬかもしれない。しかし同じ系統の殺虫剤を使ってしまうと、またしてもそいつは生き残り、そのうちにジャンジャン子孫を増やす。生き残ったやつの子どもは親と似た性質を持っていて、同じ系統の殺虫剤にはやっぱり強かったりする。弱い害虫は防除のたびに死ぬので、いつの間にか圃場は抵抗性害虫だらけとなって、「この殺虫剤はさっぱり効かん」となるわけだ。

病害虫が薬剤に強くなる仕組みは、実際はもっと複雑で、まだ明らかになっていないことも多いそうだが、病原菌が薬剤耐性を持つのも似たような感じと考えていい。いずれにせよ、同じ成分、同じ系統の農薬を連続で繰り返し使うのは極力避けたい。編

Q 農薬の系統はどうしたらわかる?

A 26ページのRAC《ラック》コードの一覧を見よう。

系統がひと目でわかるのがRACコード

系統は農薬ラベルに書いてないので、アクタラの後にアルバリンといった具合に、同じネオニコ系殺虫剤4Aを散布している農家も多い。商品名も成分も異なる「違う農薬」をローテーションしているつもりが、じつは同一系統の「同じ農薬」をローテーション散布しているわけだ。

これでは、害虫に抵抗性がつくのは時間の問題。そこで世界中の農薬メーカーらが作ったのが「RACコード」だ。すべての農薬を作用機作ごとに分類して番号と記号を振ったもので、害虫ならIRAC《アイラック》コード、殺菌剤ならFRAC《エフラック》コード、除草剤ならHRAC《エイチラック》コードがあって、それぞれ違うコードの農薬を交互に使えば、正しいローテーションが組める。いわゆる系統なのだが、より厳密に分類されている。

26ページにその一覧を掲載したので、ぜひ防除に役立ててほしい（ルーラル電子図書館でもRACコードがわかります。74ページ）。編

系統の見分け方
——有効成分からわかることもあります。

JA糸島アグリ・古藤俊二

農薬ラベルで有効成分まで見ている農家はあまりいないと思いますが、見慣れてくると、その薬剤の系統がわかっちゃうこともあります。

例えば、有機リン系殺虫剤1Bの場合、スプラサイドなら「DMTP」、スミチオンなら「MEP」、EPN乳剤なら「EPN」と、いずれも有効成分がアルファベット表記されているんですね。つまり、有効成分名がアルファベット表記されていたら、その殺虫剤はだいたい有機リン系と考えてよさそうです（一部、カーバメート系の場合もある）。

殺菌剤ではトリフミンなら「トリフルミゾール」、スコアなら「ジフェノコナゾール」、アンビルなら「ヘキサコナゾール」と、成分名に「〜ゾール」とついているのはDMI剤（EBI剤3）です。（談）

（赤松富仁撮影）

作用機構による農薬分類一覧

表の左端が、IRAC《アイラック》コード（殺虫剤）、FRAC《エフラック》コード（殺菌剤）で、『現代農業』の記事中では「系統」と呼んでいるものです。このコード（系統）を農薬の袋やボトルに書き込んだりシールにして貼っておくと、薬剤抵抗性をつけないローテーション防除をするのに便利です。

殺虫剤の系統マーク28は農薬ボトルのフタ、殺菌剤の系統マーク41は農薬の袋をイメージして作ってみた。
さらに親しみやすく覚えやすいように農文協で独自に色分けしてみた。たとえば同じ青系の7C、15、23などは作用機構が近い。コードは世界共通。

（IRACのコード分類より編集部まとめ）

殺虫剤・殺ダニ剤

IRACコード	サブグループ	作用機構	主な農薬
1A	カーバメート系	アセチルコリンエステラーゼ阻害剤→神経作用	アドバンテージ、オリオン、オンコル、ガゼット、デナポン、バイデートL、バッサ、ランネート
1B	有機リン系		EPN、アクテリック、エルサン、エンセダン、オルトラン、ガードホープ、カルホス、カルモック、サイアノックス、ジェイエース、ジェネレート、ジメトエート、スプラサイド、スミチオン、スミフェート、ダーズバン、ダイアジノン、トクチオン、ネキリエースK、ネマキック、ネマトリン、バイジット、マラソン、ラグビー
2A	環状ジエン有機塩素系	GABA作動性塩化物イオンチャネルブロッカー→神経作用	ペンタック
2B	フェニルピラゾール系(フィプロール系)		キラップ、プリンス
3A	ピレスロイド系 ピレトリン系 (合ピレ)	ナトリウムチャネルモジュレーター→神経作用	MR.ジョーカー、アーデント、アグロスリン、アディオン、ゲットアウト、サイハロン、シクロサール、除虫菊、スカウト、テルスター、トレボン、バイスロイド、フォース、ペイオフ、マブリック、ロディー、ロビンフッド

IRACコード	サブグループ	作用機構	主な農薬
4A	ネオニコチノイド系	ニコチン性アセチルコリン受容体競合的モジュレーター→神経作用	アクタラ、アドマイヤー、アルバリン、ガウチョ、クルーザー、スタークル、ダントツ、バリアード、ベストガード、モスピラン、ワンリード
4C	スルホキシミン系		エクシード、トランスフォーム、ビレスコ
4D	ブテノライド系		シバント
4E	メソイオン系		ゼクサロン
5	スピノシン系(マクロライド系)	ニコチン性アセチルコリン受容体アロステリックモジュレーター→神経作用	スピノエース、ダブルシューター、ディアナ
6	アベルメクチン系 ミルベマイシン系 (マクロライド系)	グルタミン酸作動性塩化物イオンチャネルアロステリックモジュレーター→神経および筋肉作用	アグリメック、アニキ、アファーム、コロマイト、ミルベノック
7C	ピリプロキシフェン(IGR)	幼若ホルモン類似剤→成長調節	プルート、ラノー
9B	ピリジン アゾメチン誘導体	弦音器官TRPVチャネルモジュレーター→神経作用	チェス、コルト
10A	クロフェンテジン ヘキシチアゾクス ジフロビダジン(IGR)	ダニ類成長阻害剤→成長調節	カーラ、ニッソラン
10B	エトキサゾール(IGR)		バロック、ダニメツ
11A	Bacillus thuringiensisと殺虫タンパク質生産物(BT剤)	微生物由来昆虫中腸内膜破壊剤→成長調節	エコマスター、クオーク、サブリナ、ジャックポット、ゼンターリ、チューリサイド、チューレックス、チューンアップ、デルフィン、トアロー、バイオマックス、バシレックス、ファイブスター、フローバック
12A	ジアフェンチウロン	ミトコンドリアATP合成酵素阻害剤(呼吸阻害)→エネルギー代謝	ガンバ
12C	プロパルギット		オマイト
12D	テトラジホン		テデオン
13	ピロール	酸化的リン酸化脱共役剤→エネルギー代謝	コテツ
14	ネライストキシン類縁体(ネライストキシン系)	ニコチン性アセチルコリン受容体チャネルブロッカー→神経作用	エビセクト、スクミハンター、パダン、ルーバン、リーフガード

サブグループは有効成分のグループを示すもので、有効成分名とは違うことがある。グループの中にさまざまな有効成分がある。

IRACコード	サブグループ	作用機構	主な農薬
15	ベンゾイル尿素系(IGR)	キチン生合成阻害剤、タイプ0→成長調節	アタブロン、カウンター、カスケード、デミリン、ノーモルト、マッチ
16	ブプロフェジン(IGR)	キチン生合成阻害剤、タイプ1→成長調節	アプロード
17	シロマジン(IGR)	脱皮阻害剤 ハエ目昆虫→成長調節	トリガード
18	ジアシル-ヒドラジン系(IGR)	脱皮ホルモン受容体アゴニスト→成長調節	ファルコン、マトリック、ランナー、ロムダン
19	アミトラズ	オクトパミン受容体アゴニスト→神経作用	ダニカット
20B	アセキノシル	ミトコンドリア電子伝達系複合体Ⅲ阻害剤(呼吸阻害)→エネルギー代謝	カネマイト
20C	フルアクリピリム		タイトロン
20D	ビフェナゼート		マイトコーネ
21A	METI剤	ミトコンドリア電子伝達系複合体Ⅰ阻害剤(呼吸阻害)→エネルギー代謝	サンマイト、ダニトロン、ハチハチ、ピラニカ、マイトクリーン
22A	オキサジアジン	電位依存性ナトリウムチャネルブロッカー→神経作用	トルネードエース
22B	セミカルバゾン		アクセル
23	テトロン酸およびテトラミン酸誘導体(IGR)	アセチルCoAカルボキシラーゼ阻害剤→脂質合成、成長調節	エコマイト、クリアザール、ダニエモン、ダニゲッター、モベント
25A	β-ケトニトリル誘導体	ミトコンドリア電子伝達系複合体Ⅱ阻害剤(呼吸阻害)→エネルギー代謝	スターマイト、ダニサラバ
25B	カルボキサニリド系		ダニコング
28	ジアミド系	リアノジン受容体モジュレーター→神経および筋肉作用	エクシレル、サムコル、テッパン、パディート、フェニックス、フェルテラ、プリロッソ、プレバソン、ペガサス、ベネビア、ベリマーク
29	フロニカミド	弦音器官モジュレーター→神経作用	ウララ
30	メタジアミド系	GABA作動性塩化物イオンチャネルアロステリックモジュレーター→神経作用	グレーシア
不明	ピリダリル等	UN 作用機構分類が不明あるいは未定な剤	スラゴ、プレオ、モレスタン、ファインセーブ、ビーラム

※土壌消毒剤8、燻蒸剤、混合剤、殺虫殺菌剤は除く。また、有効な薬剤がない24A 24Bなどは省略。

殺菌剤

（FRACのコード分類より編集部まとめ）

FRACコード	作用機構	作用点	グループ名	主な農薬
4	A：核酸合成代謝	RNAポリメラーゼⅠ	ＰＡ殺菌剤（フェニルアミド）	サブデューマックス、リドミル
32		DNA/RNA生合成	芳香族ヘテロ環	タチガレン
31		DNAトポイソメラーゼタイプⅡ（ジャイレース）	カルボン酸	スターナ
1	B：有糸核分裂と細胞分裂	β－チューブリン重合阻害	MBC殺菌剤（メチルベンゾイミタゾールカーバメート）	トップジンM、ベンレート
22			チアゾールカルボキサミド	エトフィン
20		細胞分裂	フェニルウレア	モンセレン
50		アクチン／ミオシン／フィンブリン機能	アリルフェニルケトン	プロパティ
39	C：呼吸	複合体Ⅰ：NADH酸化還元酵素	ピラゾールカルボキサミド、ピリミジンアミン	ハチハチ、ピリカット
7		複合体Ⅱ：コハク酸脱水素酵素	SDHI剤（コハク酸脱水素酵素阻害剤）	アフェット、エバーゴル、エメストプライム、オルフィン、カンタス、グレータム、ケンジャ、セルカディス、ネクスター、ネマクリーン、バシタック、パレード、ビーラム、フルーツセイバー、モンカット、リンバー
11		複合体Ⅲ：ユビキノール還元酵素Qo部位	QoI殺菌剤（Qo阻害剤）（ストロビルリン系）	アミスター、嵐、イモチエース、オペラフラワー、オリブライト、カルビオ、スクレア、ストロビー、ビトリーン、ファンタジスタ、フリント、マッチョ、メジャー
21		複合体Ⅲ：ユビキノン還元酵素Qi部位	QiI殺菌剤（Qi阻害剤）	オラクル、ライメイ、ランマン
29		酸化的リン酸化脱共役		フロンサイド
45	C：呼吸	複合体Ⅲ：ユビキノン還元酵素Qo部位（スチグマテリン結合サブサイト）	QoSi殺菌剤（Qo3阻害剤）	ザンプロ

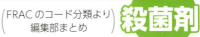

FRACコード	作用機構	作用点	グループ名	主な農薬
9	D：アミノ酸および タンパク質 生合成	メチオニン生合成	AP殺菌剤（アニリノピリミジン）	フルピカ、ユニックス
24		タンパク質生合成	ヘキソピラノシル抗生物質	カスミン
25			グルコピラノシル抗生物質	アグレプト、ストマイ、ヒトマイシン、マイシン
41			テトラサイクリン抗生物質	マイコシールド
12	E：シグナル 伝達	浸透圧シグナル伝達	PP殺菌剤（フェニルピロール）	セイビアー
2			ジカルボキシイミド	スミレックス、ロブラール
6	F：脂質および 細胞膜生合成	リン脂質生合成	ホスホロチオレート、ジチオラン	キタジンP、フジワン
14		脂質の過酸化	AH殺菌剤（芳香族炭化水素）	リゾレックス
28		細胞膜透過性	カーバメート	プレビクールN
44		病原菌細胞膜の微生物攪乱	微生物（bacillus属の一種）	インプレッション、セレナーデ
49		脂質恒常性および輸送、貯蔵	オキシステロール結合タンパク質阻害	ゾーベックエニケード
3	G：細胞膜のステロール生合成	ステロール生合成におけるC14位の脱メチル化酵素	DMI-殺菌剤（脱メチル化阻害剤）（SBI：クラスⅠ）（EBI剤）	アルト、アンビル、インダー、オーシャイン、オンリーワン、サプロール、サルバトーレ、サンリット、シルバキュア、スコア、スポルタック、チルト、テクリード、デビュー、トリフミン、ヘルシード、ホクガード、マネージ、モンガリット、ラリー、リベロ、ルビゲン、ワークアップ
17		ステロール生合成におけるC4位の3-ケト還元酵素	（SBI：クラスⅢ）	パスワード、ピクシオ
19	H：細胞壁生 合成	キチン生合成酵素	ポリオキシン	ポリオキシン
40		セルロース生合成酵素	CAA殺菌剤（カルボン酸アミド）	フェスティバル、レーバス

FRACコード	作用機構	作用点	グループ名	主な農薬
16.1	I：細胞壁のメラニン生合成	メラニン生合成の還元酵素	MBI-R	コラトップ、ビーム、ラブサイド
16.2		メラニン生合成の脱水素酵素	MBI-D	アチーブ、デラウス
16.3		メラニン生合成のポリケタイド合成酵素	MBI-P	ゴウケツ、サンブラス
P1	P：宿主植物の抵抗性誘導	サリチル酸シグナル伝達	ベンゾチアジアゾール	アクティガード
P2			ベンゾイソチアゾール	Dr. オリゼ、オリゼメート
P3			チアジアゾールカルボキサミド、イソチアゾールカルボキサミド	ブイゲット、スタウト、ルーチン
P7		ホスホナート	ホスホナート	アリエッティ
36	U：不明	不明	ベンゼンスルホン酸	ネビジン、ネビライト、ネビリュウ
U6		不明	フェニルアセトアミド	コナケシ、パンチョ
U13		不明	チアゾリジン	ガッテン
U16		複合体Ⅲ（結合部位不明）	4-キノリル酢酸	トライ
U17		不明	テトラゾリルオキシム	ナエファイン、ピシロック
U18		不明（トレハラーゼ阻害）	グルコピラノシル抗生物質	バリダシン
未		種々	種々	マシン油、カリグリーン、ハーモメイト
M	M：多作用点接触活性	多作用点接触活性	種々	ボルドー、キノンドー、クプロシールド、コサイド、ヨネポン、硫黄、石灰硫黄合剤、コロナ、アントラコール、エムダイファー、ジマンダイセン、ペンコゼブ、チウラム、チオノック、トレノックス、オーソサイド、ダコニール、パスポート、ベフラン、ベルクート、デラン、パルミノ、モレスタン、ストライド、スパットサイド、シードラック

※混合剤、殺虫殺菌剤、微生物農薬を除く。また、混合剤の成分である 10 27 43 などは省略。

殺虫剤が効く仕組みと系統の関係

まとめ編集部

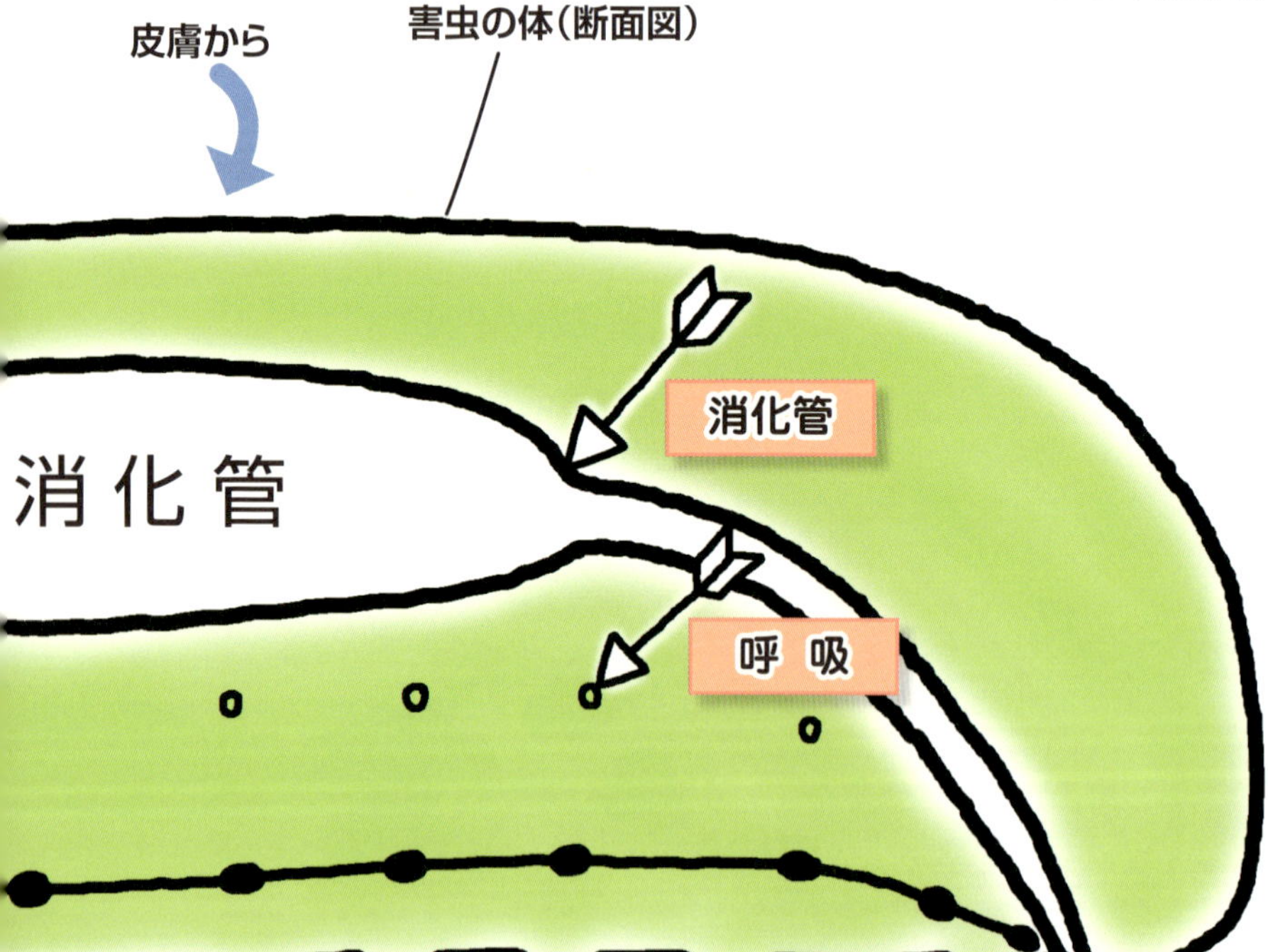

取り込まれ方は2通り

殺虫剤は口から入る経口剤と皮膚から入る接触剤の主に2種類。経口剤には作物に付着して一緒に食べられるタイプと、作物体内にいったん吸収されて樹液と一緒に害虫に吸われるタイプ(浸透性・浸透移行性)とがある。その他、呼吸時に気門から吸われるタイプもあり、近年は複数の侵入経路をもつ殺虫剤もある。

殺虫剤にはイロイロありまして、それぞれ効く仕組みが違うんデス。「系統」っていうのは、その仕組みごとに薬剤をグループ分けしたもの。系統が違う殺虫剤をローテーションすれば害虫に抵抗性がつかなくなるのはナゼか、ボクがピシャっと解説しマス。

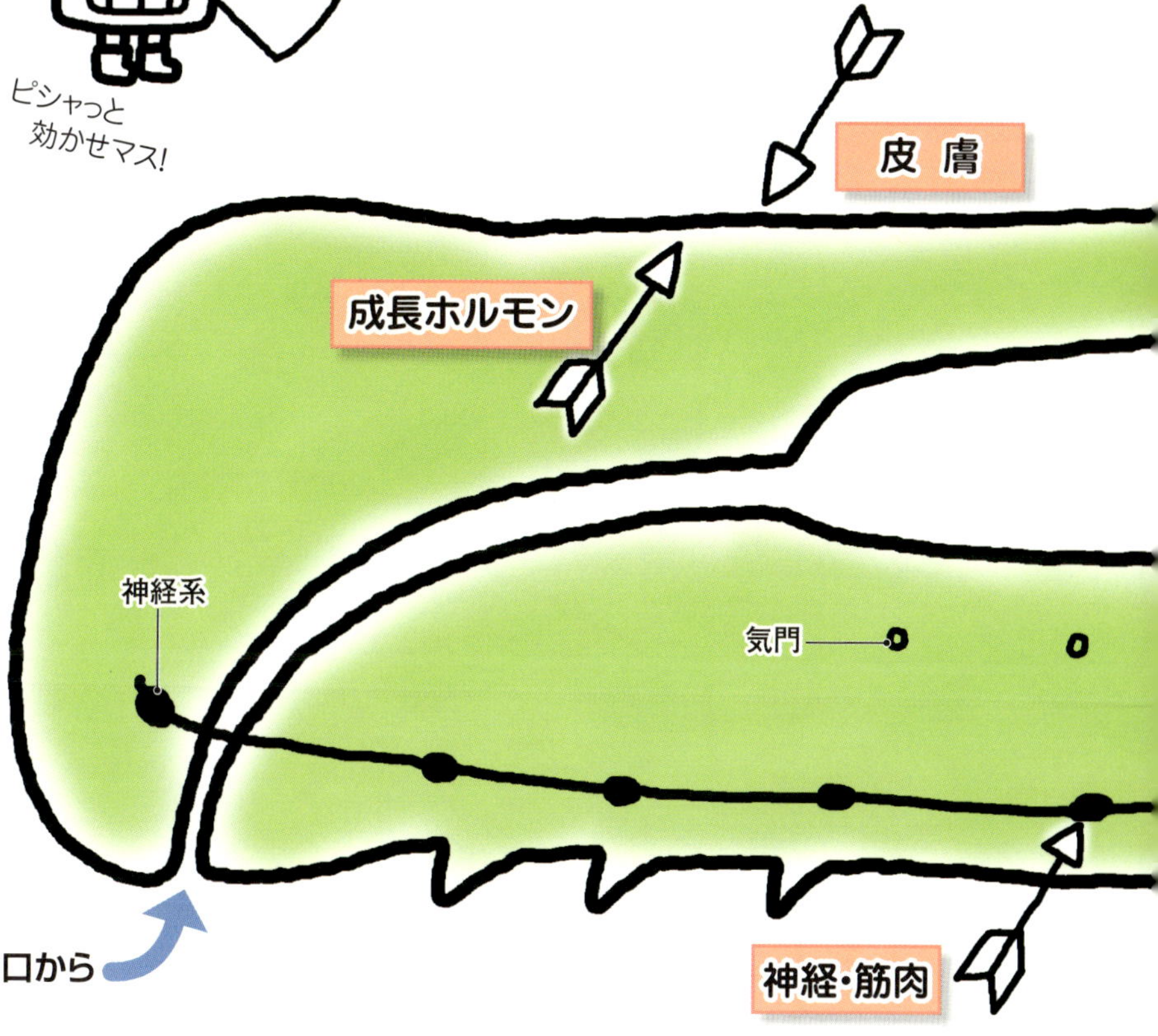

標的は5つ

害虫の体内に入った殺虫剤が標的にするのは、神経・筋肉、呼吸（エネルギー代謝）、皮膚（キチン生合成）、成長ホルモン、消化器官の主に5つ。そのうち一番種類が多いのは、神経にダメージを与えるタイプ。

虫にどう取り込ませるか

葉裏までムラなくが基本

殺虫剤は基本的に、害虫に直接かかるか、作物に付着したり浸み込んだものを害虫が食べたりして効果が出る。隠れていて薬液がかからなかった害虫には効果がなく、葉裏までムラなく散布が基本。

浸透移行しないタイプ

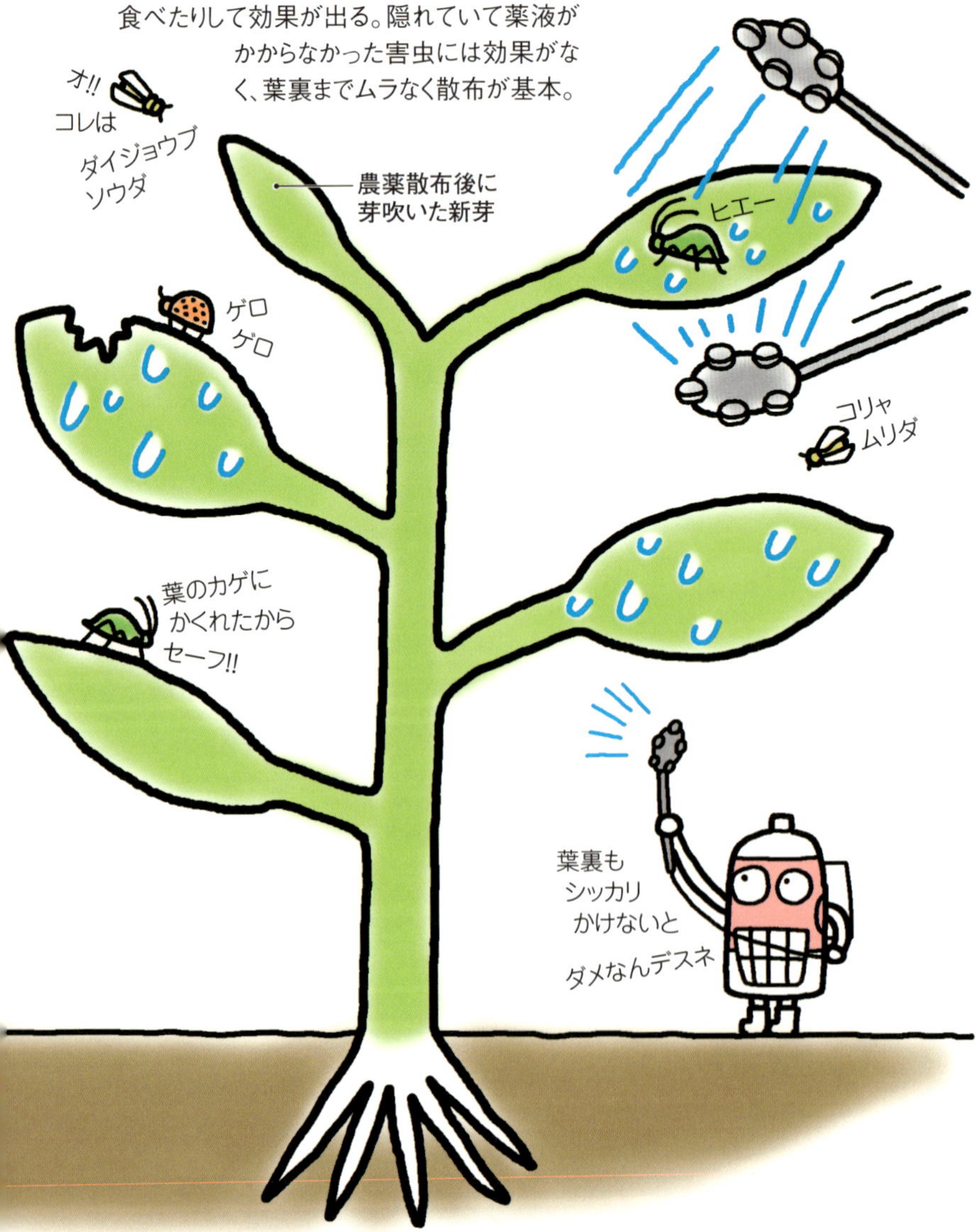

かかった部分から作物体内に広がるタイプもある

作物の葉や根から吸収されて、作物体内に広がる殺虫剤もある（浸透移行性）。葉の中に潜ってしまう害虫や、葉をかじらず汁を吸う害虫にも効果があり、雨で流れたり、紫外線で分解されたりしにくいため、長く効く。

分子量が小さく、水溶性で、植物体内で比較的安定する成分ならではの性質で、系統別にみると、ピレスロイド系では浸透移行性がほとんどないのに対し、ネオニコチノイド系ではすべての殺虫剤にこの性質がある。有機リン系やカーバメート系、ジアミド系殺虫剤などの一部でも浸透移行性がある。

殺虫剤の標的・作用の仕組みに5つのタイプ

害虫に同じ系統(作用の仕組みが同じ)の殺虫剤を続けて使うと、抵抗性がついて効かなくなってしまう。作用の仕組みは、まず大きく5つのタイプに分けられる。

神経に効くタイプ

害虫の神経伝達を邪魔して殺す。比較的昔からあり、けいれんを起こしてすぐ死ぬものや、ゆっくりマヒして死ぬものなど、種類も多い(38ページ)。

⇒有機リン系 1B ・カーバメート系 1A、ピレスロイド系 3A、ネオニコチノイド系 4A、ネライストキシン系 14、スピノシン系 5、ジアミド系 28 など

皮膚の合成(キチン生合成)を邪魔するタイプ

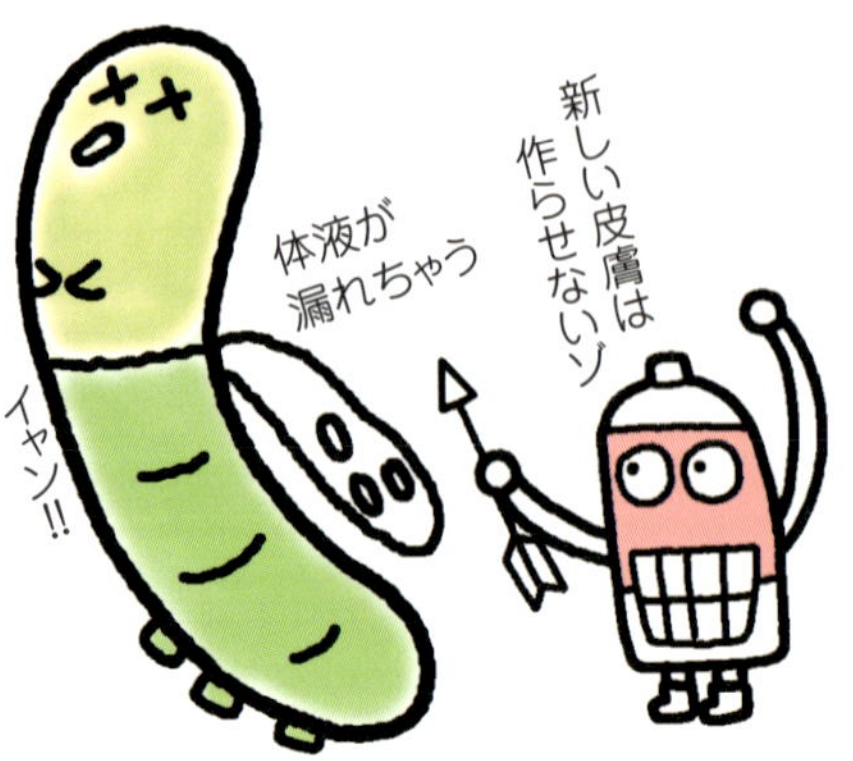

昆虫は脱皮を繰り返して成長する。このタイプの薬剤は、害虫の皮膚であるキチン質の生成を妨げる。脱皮の際、新しい皮膚ができていなければ、そこから体液が漏れて干からびて死ぬ。すでに脱皮を終えた成虫には効かない。

⇒IGRのベンゾイル尿素系 15 (カスケードやマッチなど)やブプロフェジン 16 (アプロード)

ホルモンを刺激するタイプ

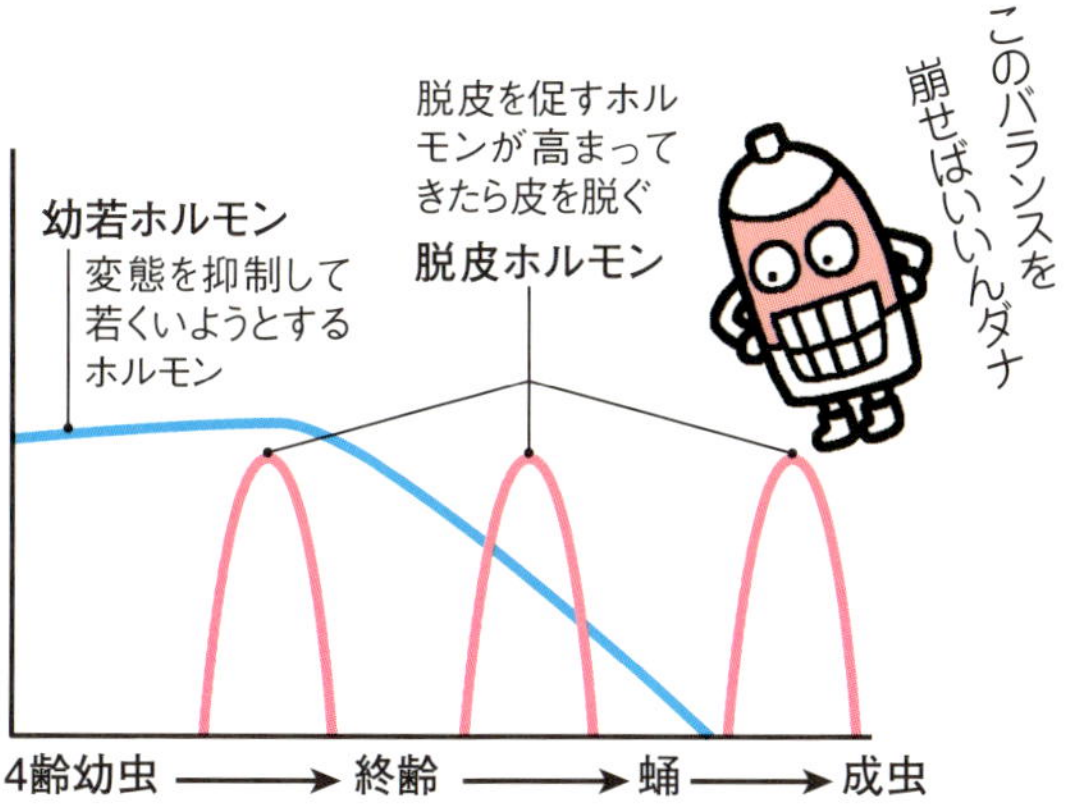

昆虫の脱皮や変態（蛹化や羽化など）にはホルモンが大きく関わっている。このタイプの殺虫剤はホルモン（幼若ホルモンと脱皮ホルモン）のバランスを崩し、脱皮や産卵を抑制したり、逆に過剰に脱皮させたりする。昆虫特有のホルモンに効くので、哺乳類に対する安全性は高い。

⇒IGRのピリプロキシフェン 7C （プルート、ラノー）やジアシル—ヒドラジン系 18 （ファルコンやロムダンなど）など

呼吸（エネルギー代謝）を邪魔するタイプ

害虫の呼吸を阻害して窒息死させる。殺ダニ剤が多く含まれる。

⇒アセキノシル 20B （カネマイト）やMETI剤 21A （サンマイトやハチハチなど）、メタフルミゾン 22B （アクセル）やβ−ケトニトリル誘導体 25A （スターマイト、ダニサラバ）など

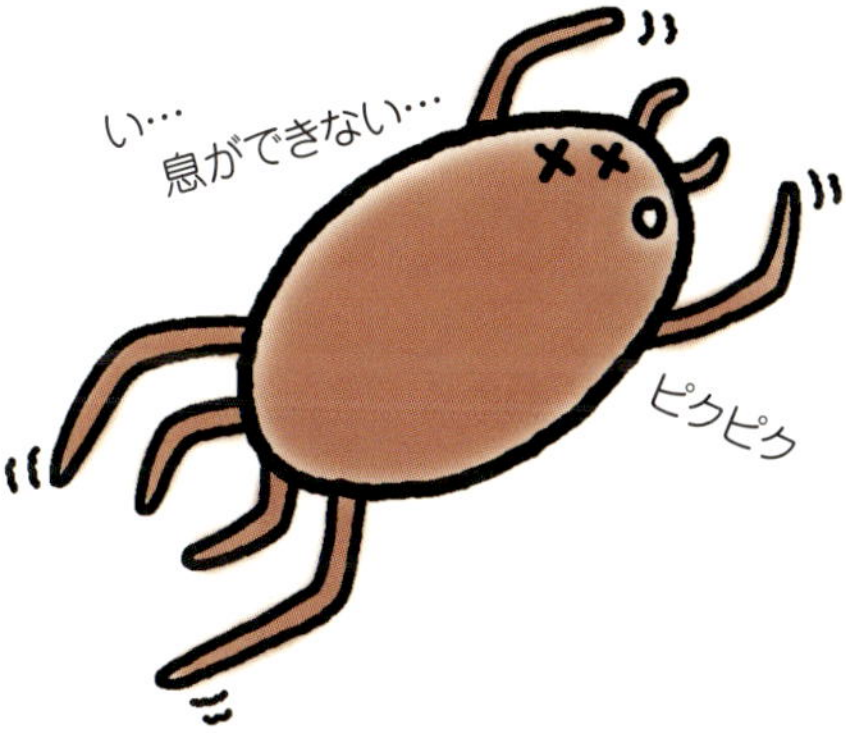

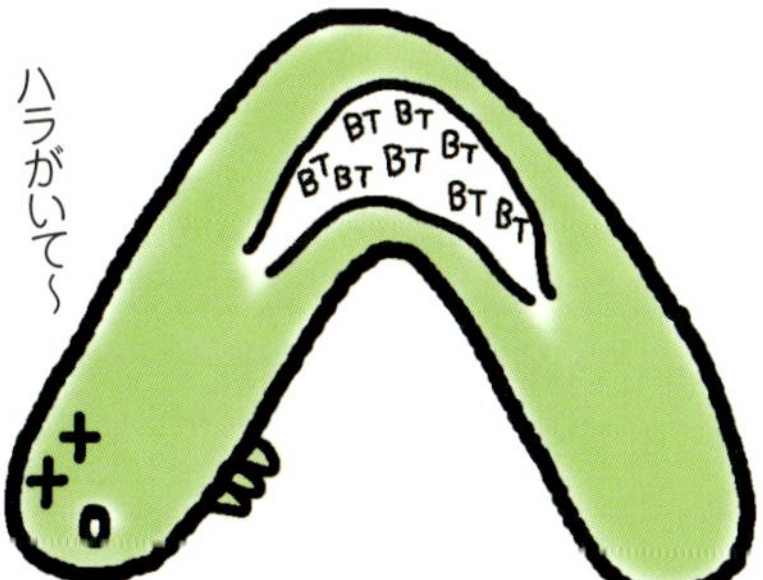

消化器官に効くBT剤

枯草菌の一種バチルスズブチリスが作りだす毒素（結晶タンパク質）を害虫が食べると、消化器官内でアルカリ性の消化液と反応して細胞を破壊する。害虫はマヒして、エサを食べられなくなって死ぬ。胃液が酸性の哺乳類には影響がない。

ひとつのタイプにいくつもの系統
——神経に効く殺虫剤の場合

同じタイプの殺虫剤の中でも、成分ごとにねらうターゲットが違い、さらに細かく分類できる。例えば神経に効く殺虫剤の場合は有機リン系、カーバメート系、ネオニコチノイド系など、作用機構別に10以上の系統に分けることができる。殺虫剤全体では現在、合計40種ほどの系統に分かれている（26ページ表）。ローテーション防除は、その系統が違うものを選びながら行なう。

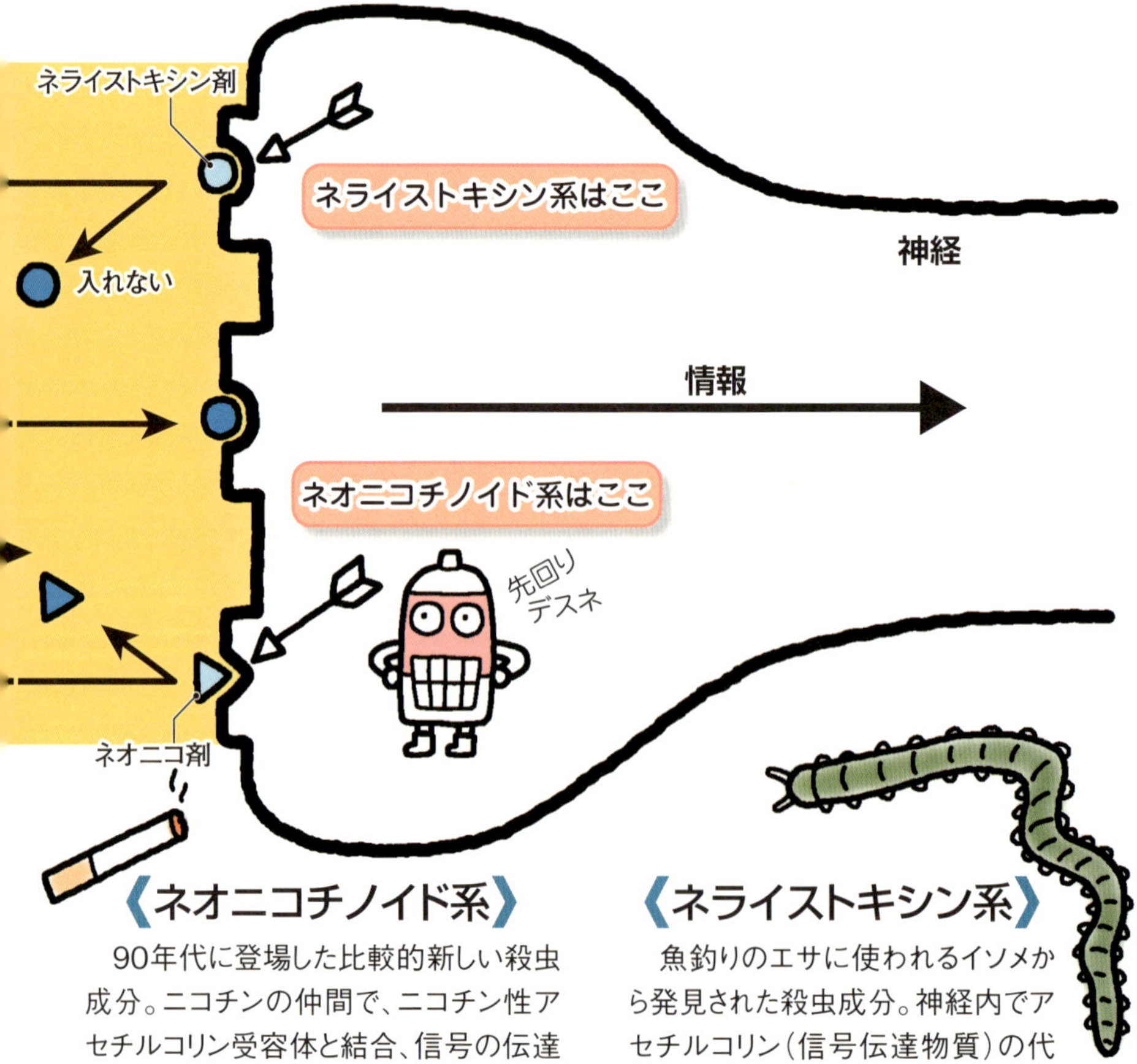

《ネオニコチノイド系》

90年代に登場した比較的新しい殺虫成分。ニコチンの仲間で、ニコチン性アセチルコリン受容体と結合、信号の伝達を阻止する。害虫はマヒしてダラッとなって死ぬ。致死濃度以下でも食害や交尾、産卵や飛行など、あらゆる行動が減る。

《ネライストキシン系》

魚釣りのエサに使われるイソメから発見された殺虫成分。神経内でアセチルコリン（信号伝達物質）の代わりに受容体と結合し、信号の伝達を邪魔してしまう。害虫はすぐには死なないが、食害はすぐに止まる。

《ピレスロイド系》

除虫菊から発見された成分の仲間。ニューロン（神経）に作用して、過剰な興奮状態が続くようにする。害虫はけいれんを起こして死ぬ。

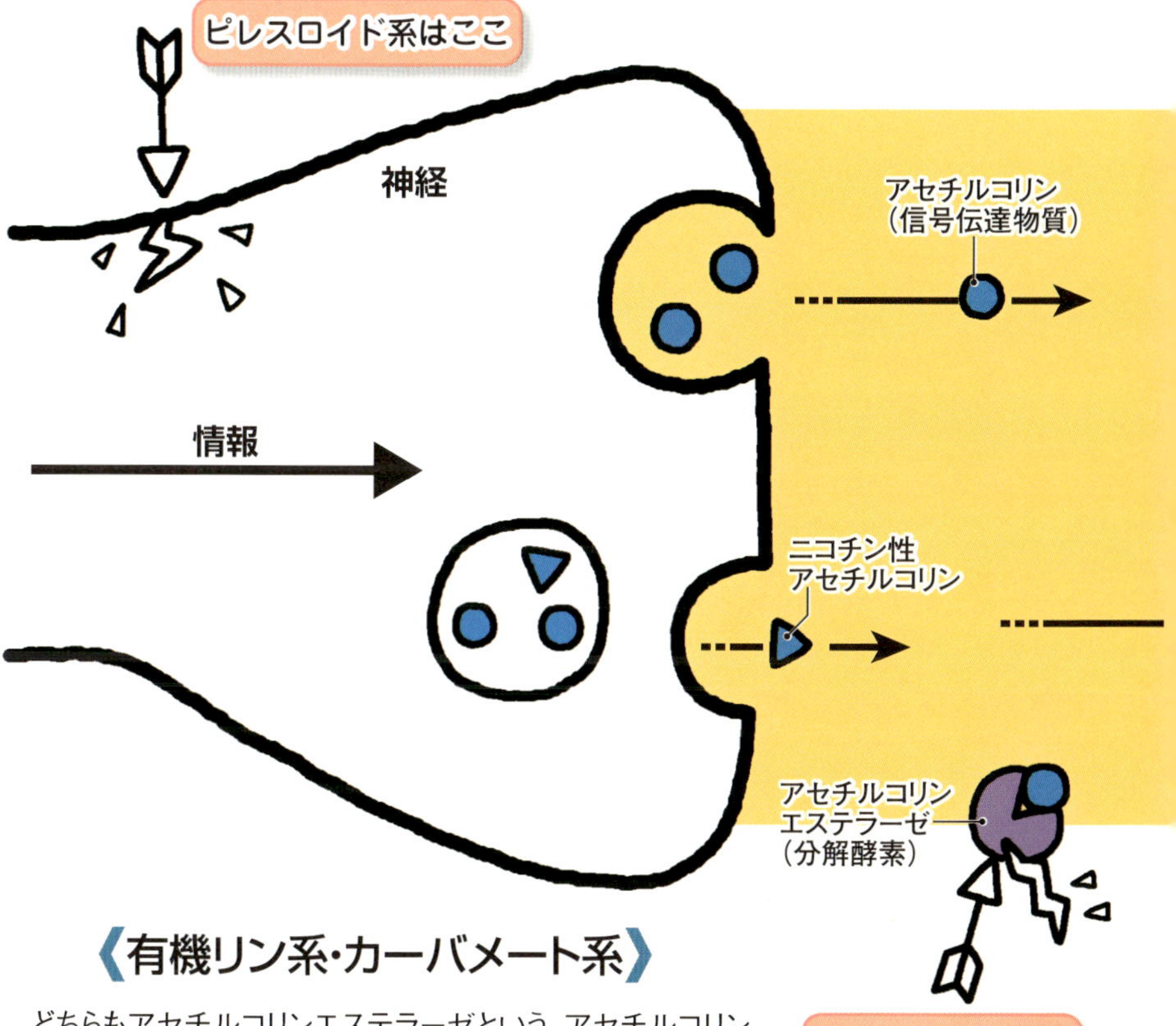

《有機リン系・カーバメート系》

どちらもアセチルコリンエステラーゼという、アセチルコリンを分解する酵素の働きを邪魔する。アセチルコリンが分解されないと興奮が収まらず、害虫は歩きまわったりして、最終的にマヒして死ぬ。有機リン系とカーバメート系が作用する標的は同じだが、邪魔の仕方が違い、系統としては別である。

FRACの分類を活用

殺菌剤で耐性菌を出さない方法

草刈眞一

薬剤耐性菌が発生した農薬

殺菌剤でも、薬剤耐性菌の発生が問題となっている。殺菌剤に対する薬剤耐性は、1970年代にナシ黒斑病菌のベノミル剤に対する感受性低下に始まり、いもち病ではカスガマイシン剤やキタジンP（有機リン剤）、デラウス、アチーブなどのメラニン合成阻害剤（MBI―D剤）、さらに最近では、箱粒剤の嵐やイモチエース、オリブライト等（QoI剤）への耐性菌が報告されている。

野菜の灰色かび病菌でも、ベンレートなどのベンズイミダゾール系薬剤に始まり、スミレックス、ロブラールなどのジカルボキシイミド剤に耐性菌が発生し、次々と新しい作用機作を持つ薬剤に対して、耐性菌の発生が報告されている。

灰色かび病の防除剤としては、ステロール合成阻害剤のSBIクラスⅢの薬剤にあたるピクシオ、SDHI剤（呼吸阻害剤）のカンタス、アフェット、ネクスター、ケンジャ、パレード、QoI剤のファンタジスタ、アミスター、メジャー、メチオニン合成阻害剤のフルピカフロアブル等があるが、いずれも耐性菌の発生リスクは中～高となっており、連用することで耐性菌発生の危険性が高い薬剤となる。

とにかく初期防除

耐性菌の発生を抑制するには、病気が多発した状態で薬剤散布を繰り返さないことが重要である。病原菌密度が高い時に薬剤散布すると、大量の病原菌に対して殺菌剤の選択作用が働き、耐性菌発生のリスクが高まることになる。

作物をよく観察し、病気の兆候がある場合には、できるだけ早めに薬剤散布することが重要である。また、圃場衛生を保ち、環境制御や生物防除等を導入して、病害発生を抑える対策を普段からしておく必要もある。

既存剤で初発をたたき 新規剤でとどめを刺す

薬剤では、特異性の高い新剤に注目が集まりがちだが、既存剤も上手に活用したい。

ダコニールやジマンダイセン、ベルクートなどの多作用点接触活性剤や生物農薬（ボトキラー、アグロケア等）などは、耐性菌発生リスクがなく連用できる（表1）。これらを要所（発病初期や病気の発生率が低い時期等）に使い、圃場の菌密度を低く管理することが重要である。既存剤も、発病初期から散布すれば被害を十分に抑制できる。

発病初期にまず既存農薬を散布し、その後、ピクシオDFやファンタジスタ顆粒水和剤など、特異性の高い薬剤を散布するようにする。発病が増加し始めた時点で初めて、特効的に効果を示す新規剤を散布するようにしたい。既存剤をうまく交えれば、特異性の高い薬剤の使用を1～2回に抑えた散布体系をつくることができる。

表１　抵抗性がつきにくく、連用できる殺菌剤の例

FRACコード	作用機作	グループ名	商品名	有効成分
M	多作用点接触活性	銅剤（無機銅、有機銅）	ICボルドー、Zボルドー、キノンドー、コサイド、ヨネポン	銅、有機銅、ノニルフェノールスルホン酸銅など
		無機硫黄、水和硫黄	硫黄粉剤、石灰硫黄合剤、クムラス	硫黄、石灰硫黄合剤
		ジチオカーバメート	エムダイファー、ジマンダイセン、チオノック、トレノックス、ペンコゼブ	マンネブ、マンゼブ、チウラムなど
		フタルイミド	オーソサイド	キャプタン
		クロロニトリル	ダコニール	TPN
		ビスグアニジン	ベフラン25、ベルクート	イミノクタジン、イミノクタジンアルベシル酸
		マントラキノン	デランフロアブル	ジチアノン
		キノキサリン類	モレスタン、パルミノ	キノキサリン系
		マレイミド	ストライド、スパットサイド	フルオルイミド
		上記に該当しないもの	オクトクロス、シードラック	金属銀
未	生物農薬・微生物		アグロケア、ミニタン、タフパール、マスタピース	バチルスズブチリス、コニオチリウム・ミニタンス、タラロマイセスフラバス、シュードモメスロデシア

新規薬剤は複合剤を選ぶ

新規剤の単剤は薬剤成分の濃度がもっとも高く、効果が高い反面、耐性菌発生のリスクも高い。

そこで、新規薬剤を使うなら、混合剤を使うのもよい。混合剤は新規薬剤成分濃度が低く抑えられており、耐性菌発生リスクは少ないといえる。

ステロール合成阻害剤やコハク酸脱水素酵素阻害剤などで耐性菌が発生している、べと病・疫病専用剤やうどんこ・さび病等の薬剤では、耐性菌の発生を防止するため、特異性の高い薬剤が混合剤となっている。

べと病・疫病防除剤のリドミルゴールドMZは、効果の高いメタラキシル剤とジマンダイセン（多作用点接触活

表2 ナス灰色かび病に使える殺菌剤の有効成分とFRACによる作用機構分類

分類	FRACコード	作用機作	商品名	有効成分（濃度）	耐性菌
単剤	M	多作用点接触阻害	ダコニール1000	TPN（40%）	
	M		ベルクート水和剤	イミノクタジンアルベシル酸（40%）	
			ベルクートフロアブル	イミノクタジンアルベシル酸（30%）	
	1	β-チューブリン重合阻害	トップジンM水和剤	チオファネートメチル（70%）	
			ベンレート水和剤	ベノミル（50%）	
	2	浸透圧シグナル伝達(os-2)	ロブラール水和剤	イプロジオン（40%）	
			スミレックス水和剤	プロシミドン（50%）	
	12	浸透圧シグナル伝達(os-1)	セイビアーフロアブル20	フルジオキソニル（20%）	
	7	SDHI（呼吸阻害 コハクサン脱水素酵素阻害	カンタスドライフロアブル	ボスカリド（50%）	あり
			アフェットフロアブル	ペンチオピラド（20%）	あり
			ネクスターフロアブル	イソピラザム（18.7%）	
			パレード20フロアブル	ピラジフルミド（20%）	
	9	メチオニン生合成	フルピカフロアブル	メパニピリム（40%）	あり
	10	β-チューブリン重合阻害	パウミル水和剤	ジエトフェンカルブ（25%）	
	11	QoI	ファンタジスタ顆粒水和剤	ピリベンカルブ（40%）	あり
	17	ステロール合成 SBI クラスⅢ	ピクシオDF	フェンピラザミン（50%）	
	未	生物農薬	アグロケア水和剤	バチルスズブチリス（5×10^9CFU/g）	
	19	細胞壁生合成（H4）	ポリオキシンAL水溶剤	ポリオキシン複合体（10%）	
混合剤	M+1	オーソサイド＋ベンレート	キャプレート水和剤	キャプタン（60%）＋ベノミル（10%）	
	M+7	アフェット＋ダコニール	ベジセイバー	ペンチオピラド（6.4%）+TPN（40%）	
	M+11	アミスター＋ダコニール	アミスターオプティフロアブル	アゾキシストロビン（5.1%）+TPN（40%）	
	M+17	ベルクート＋パスワード	ダイマジン	イミノクタジンアルベシル酸塩（20%）＋フェンヘキサミド（30%）	
	M+19	ベフラン＋ポリオキシン	ポリベリン水和剤	イミノクタジン酢酸塩（5%）＋ポリオキシン複合体（15%）	
	M+19	ベルクート＋ポリオキシン	ダイアメリットDF	イミノクタジンアルベシル酸塩（12.5%）＋ポリオキシン複合体（15%）	
	1+9	トップジンM+フルピカ	ブロードワン顆粒水和剤	チオファネートメチル（56%）・メパニピリム（13.3%）	
	1+10	トップジンM+パウミル	ゲッター水和剤	ジエトフェンカルブ（12.5%）＋チオファネートメチル（52.5%）	
		ベンレート＋パウミル	ニマイバー水和剤	ジエトフェンカルブ(25%)＋ベノミル(25%)	
	2+10	スミレックス＋パウミル	スミブレンド水和剤	ジエトフェンカルブ（12.5%）＋プロシミドン（37.5%）	
	7+9	アフェット＋プルピカ	ピカットフロアブル	ペンチオピラド(8%)＋メパニピリム(10%)	
	7+11	カルビオ＋カンタス	シグナムWDG	ピラクロストロビン（6.7%）＋ボスカリド（26.7%）	あり
	11+9	ファンタジスタ＋フルピカ	オルパ顆粒水和剤	ピリベンカルブ（20%）＋メパニピリム（20%）	
	U13+9	ガッテン＋フルピカ	ショウチノスケフロアブル	フルチアニル（1.8%）＋メパニピリム（20%）	
	17+12	セイビアー＋パスワード	ジャストミート顆粒水和剤	フェンヘキサミド（50%）＋フルジオキソニル（20%）	
	未+19	生物農薬＋ポリオキシン	クリーンサポート	バチルスズブチリス（2×10^{10}cfu/g）＋ポリオキシン複合体（20%）	

性型）を混ぜた総合防除剤。ザンプロDMフロアブルは、アメトクトラジンとジメトモルフという作用機構の異なる成分の混合剤である。

FRACコードを活用してローテーション防除

ただし、混合剤でも連用すれば耐性菌が発生してしまう。FRACコードの番号の異なる薬剤を使うようにする。1作当たり同じ番号の薬剤は2回以上使わないほうがよい。コードにMのつく多作用点接触阻害剤は耐性菌の発生が少ないので、連用ができる。

表2に、ナスの灰色かび病に使用できる主要な薬剤について、それぞれの成分のFRACコードを示した。

ナス灰色かび病の薬剤では、特異性の高い薬剤では9種類の異なる作用機構の薬剤が存在し、多作用点接触活性剤が2種類あることがわかる。混合剤ではこれらが組み合わさって、9種類の薬剤が存在する。防除の際には、耐性菌の防止対策として、このFRACコードが異なる（作用機構が異なる）薬剤を選択する必要がある。

例えばファンタジスタ顆粒水和剤とアミスターオプティフロアブルは、どちらも登録があるが、ともにQoI剤（FRACコード11）を含んでいるため、連用を避けたほうがよいことがわかる。

作用機構はラベルに書いてない

ただし、FRACコードは農薬のラベルやカタログ等にはまだ記載されていないことが多い。

FRACコードが不明な場合は、作物や病害に応じて、1~2種類の特異性が高い混合剤と既存剤（ベルクートやダコニール、オーソサイド、ジマンダイセン、ユーパレン、モレスタン、銅剤、生物薬剤など）を2~3種類準備する。そして、予防的に既存剤、発病の状況に応じて専用剤というように交互に散布するのが基本である。

べと病、うどんこ病についても作用機構の異なる薬剤の種類が豊富にある。万能薬といわれる多作用点接触活性剤や生物農薬を加えた薬剤の体系をつくることで、灰色かび病同様の薬剤ローテーション体系をつくることができる。

◇

耐性菌の発生を抑制できるような、理想的な薬剤散布体系は確立されていないのが現状である。しかし、薬剤の耐性菌発生リスクについては解明されつつあり、病原菌の種類によるリスクについても報告事例がある（灰色かび病菌、べと病菌、うどんこ病菌、褐斑病菌、つる枯病菌等でリスクが高い）。薬剤耐性リスクの高い病気の場合は、それを考慮して防除薬剤の体系化を考える必要がある。

最新の先鋭化した殺菌剤と、従来から使われてきた接触型と呼ばれる薬剤。その上手な利用体系をつくり、予防散布や初期防除を徹底した防除体系を考えていく必要がある。

（大阪府環境農林水産総合研究所）

登録の話

ドクターコトーこと古藤俊二さん。福岡県のJA糸島営農センター「アグリ」の店長兼技術アドバイザー。直売所農家や家庭菜園のお客さんが多く、農薬の問い合わせはひっきりなし

Q ミニトマトはトマトと同じ農薬でいいの？

A それぞれ登録農薬が違う。勘違いしやすい品目がある。

JA糸島アグリ・古藤俊二

直売所に出荷する農家が増えて、最近は他の人と差別化するためにちょっと変わったマイナー品目を栽培する方が増えてきました。そんな農家からよく聞かれるのが「茎ブロッコリーはブロッコリーと同じ農薬でいいんでしょ？」とか「サボイキャベツはキャベツと同じ農薬でいいの？」といった質問です。農薬ラベルには使用できる「作物名」が書いてあるんですが、勘違いしやすい品目があるんですよね。

じつは茎ブロッコリーとブロッコリーとは農薬の登録が違います。例えばスタークル顆粒水溶剤 4A やハチハチ乳剤 21A 39 など、ブロッコリーに使えるのに茎ブロッコリーには使えない殺虫剤も多

農薬登録上間違えやすい品目

<table>
<tr><th>A</th><th>B</th><th>C</th></tr>
<tr><td>トマト</td><td>ミニトマト</td><td>ー</td></tr>
<tr><td rowspan="2">ピーマン</td><td colspan="2">トウガラシ類</td></tr>
<tr><td>トウガラシ</td><td>シシトウ</td></tr>
<tr><td>ブロッコリー</td><td>茎ブロッコリー</td><td>ー</td></tr>
<tr><td>キャベツ
サボイキャベツ
チリメンキャベツ</td><td>カーボロネロ
（黒キャベツ）</td><td>非結球メキャベツ
（プチヴェール）</td></tr>
<tr><td>ダイコン</td><td>ハツカダイコン</td><td>ー</td></tr>
<tr><td colspan="2">トウモロコシ</td><td rowspan="2">ヤングコーン
（ベビーコーン）</td></tr>
<tr><td>トウモロコシ
（子実）</td><td>未成熟トウモロコシ
（スイートコーン）</td></tr>
<tr><td>ダイズ</td><td>エダマメ</td><td>ー</td></tr>
<tr><td>エンドウマメ</td><td>サヤエンドウ</td><td>実エンドウ</td></tr>
<tr><td>インゲンマメ</td><td>サヤインゲン</td><td>ベニバナインゲン</td></tr>
<tr><td>ネギ</td><td>ワケギ</td><td>アサツキ</td></tr>
<tr><td>タマネギ</td><td>葉タマネギ</td><td>ー</td></tr>
<tr><td>ニンニク</td><td>葉ニンニク</td><td>ー</td></tr>
<tr><td>シソ</td><td>シソ（花穂）</td><td>ー</td></tr>
<tr><td>レタス</td><td>リーフレタス</td><td>ー</td></tr>
<tr><td colspan="2">ブドウ</td><td>ー</td></tr>
<tr><td>大粒ブドウ</td><td>小粒ブドウ</td><td>ー</td></tr>
</table>

A、B、Cはそれぞれ登録農薬が違う。キャベツでは他に「芽キャベツ」という登録も別途ある

スティックセニョール（茎ブロッコリー）には「ブロッコリー」の農薬が使えないんデスネ

くあります。また、モスピラン4Aの水溶剤と顆粒水溶剤はどちらにも使えますが、便利な粒剤は茎ブロッコリーには使えません。間違えて使うと出荷できなくなってしまうので注意が必要です。

一方、サボイキャベツやチリメンキャベツはキャベツと同じ農薬が使えます。ただし「非結球メキャベツ」は別で、使える農薬がやっぱりキャベツの半分くらいしかありません。同じキャベツでも、姿形や収穫までの日数がまったく違いますからね。

他にも「トウモロコシ（子実）」と「未成熟トウモロコシ」、「サヤエンドウ」と「実エンドウ」、「インゲン」と「サヤインゲン」、「葉タマネギ」と「タマネギ」や「葉ニンニク（ニンニクの芽）」と「ニンニク」などが間違えやすいところでしょうか。

トマトには「ミニトマト」という登録もあって、「中玉はどうすりゃいいの？」と聞かれることがあります。直径3cm以下ならばミニトマト・それ以外はすべて「トマト」の登録農薬を使います。

（談）

「前日」まで使える農薬なら、夕方まいて翌朝収穫できる？

できない。前日とは24時間前のこと。散布から24時間待ってから収穫する。

農薬の「使用時期」には「植え付け前」とか「発病初期」、それに「収穫21日前」「14日前」「7日前」「3日前」「前日まで」などと書いてある。

ここでいう「前日」とは、24時間前のこと。農薬は紫外線（太陽の光）や微生物の働き、水などによって分解されて毒性が少しずつ薄れていく。前日まで使える農薬は安全性が比較的高いといえそうだが、さすがに、散布して数時間で収穫するのはマズイ。編

トマトとキュウリだから、
これは「前日」までOKデスネ

倍率を薄くするのはいいんでしょ？

法律上は問題ないが、抵抗性を発達させてしまう場合もある。

なかなか減らない害虫をやっつけようと、1000倍で使う農薬を500倍にして散布する（2倍の濃度で使う）。これはもちろんダメ。

一方、1000倍で使う農薬を2000倍に薄めて散布する（1／2の濃度で使う）のはどうか。農薬代の節約になるし、毒性も半分になって、減農薬といえそうな気もするが——。

大阪府の草刈眞一先生によると、薄めるのもやめ

たほうがいいという。農薬を薄めすぎるとやっぱり効果が落ちてしまう。また、病原菌や害虫が生き残りやすくなり、耐性や抵抗性をつけてしまうことがあるからだ。農薬が効きにくくなれば、何度も防除することになる。農薬を薄めて何度もかけるよりも、効果のある濃度でピシャッと効かせたほうが、結果的に減農薬になるというわけだ。

もちろん、登録内で薄めるのはOK。例えば1000～2000倍で登録がある場合、薬害を避けるために夏場だけは2000倍でまくといった具合だ。編

Q 「使用回数」には育苗中の防除も入るの？

A 入る。種子消毒や育苗中の防除も含まれる。

農薬の使用回数には種子消毒や育苗中の防除も含まれる。自分で処理した場合はもちろん、買ったタネが消毒済みだったり、苗屋さんが農薬を使っていた場合もカウントしなければならない。

種子消毒したタネには、袋の裏面に必ずその成分名を明記してある。「キャプタン」や「チウラム」「ベノミル」などと書いてあって、例えば袋裏にキャプタン（成分名）とあれば、それは殺菌剤のオーソサイド水和剤[M]（商品名）を種子粉衣処理したタネということだ。

また、定植前の粒剤散布なども1回にカウントされるのでお忘れなく。

ちなみに使用回数は1作ごとにリセットされる。主な野菜や花では播種から（苗の定植から）収穫終了まで。果樹やアスパラガスなど多年生の作物では、収穫終了から翌年の収穫終了までカウントする。

お茶やニラでは摘採（収穫）ごとにリセットされるが、例えばナスやオクラを切り戻しても、農薬使用回数はゼロに戻らないんだとか。編

登録が変更されたことを知らずにかけた作物は出荷できる？

出荷できる。購入時のラベルに従えば問題ない。

農水省はラベル、厚労省は基準値!?

「短期暴露評価」という農薬の安全基準の見直しで、多くの農薬の登録内容が変更された。現在も登録変更はしょっちゅうあって、登録から作物が外れたり、収穫前使用日数が増えたりすることがある。知らずに、これまで通りに使っていたら違反になってしまうのか——。

この問題、農水省は「農薬はラベルに従って正しく使用する」としている。農薬購入後にその登録が厳しくなったとしても、購入時のラベルに従って使用していれば、問題ないということだ。

一方で、農薬の残留基準値を定めている厚生労働省は、「農薬ラベルに従って使用したとしても、基準値を超えた農薬が検出されれば違反」としている。

そこで農家から、ラベルに従えばいいのか、新しい登録に従うべきなのか、疑問の声が上がっている。

「最終有効期限」まではラベルに従ってOK

農水省と厚労省に改めて確認したところ、やはり農薬使用についてはそのラベルに従えばよさそうだ。

例えば、2017年に適用内容が厳しくなったランネート45DF。ハクサイでいえば収穫前日まで使えたのに、変更によって14日前までしか使えなくなった。そのままラベルに従ったのでは残留基準を超えてしまいそうな変更だが、じつは、基準値自体はまだ変わっていないという。

つまり、将来基準値を変えることになりそうなので、登録内容だけを事前に変更しているそうなのだ。また、基準値が変わっても半年間は猶予がある。

ただし、ラベルに従えるのはラベルに書いてある「最終有効期限」まで。古い農薬を引っ張り出して、そのラベル通りに使うのは避けたほうがいい。

編

ラベルで登録を確認してい
るところ（赤松富仁撮影）

剤型の話

Q 粉剤と粒剤、水溶剤、水和剤 どれがいいの？

A 殺菌剤ではドライフロアブル剤、殺虫剤ではエマルション剤など、扱いやすい剤型の農薬が増えてきた。

「水和剤は効かない」はなぜ？

農薬の剤型を大きく分けると、水に溶かすタイプと、そのままの形で散布するタイプがある。

水に溶かすタイプは「水和剤」「水溶剤」「乳剤」などで、即効的に効かせることができる。では、これらはどう違うのか？　水溶剤は読んで字のごとく水に溶けるクスリ。乳剤は石油由来の有機溶媒に成分を溶かして乳化剤を入れ、水に溶けるようにしたものだ。

一方、使用するうえでやっかいなのが水和剤。水には溶けず、粒子が水に漂った状態となる。しばらくすると沈殿するから、常に混ぜておかないと、タンクの上と下で濃度が違ってきてしまう。「水和剤は効かない」「薬害が出た」と感じる農家が多いのは、このためだ。

水和剤は小麦粉を練るように混ぜる

混ぜ方にも注意が必要で、直接タンクに入れて混ぜるとダマになる。バケツで少量の水と粉を混ぜて、小麦粉を練るようにして、まずはペースト状にしてから水を足して混ぜる。これをさらに、バケツからタンクにあけて混ぜるのが正しいやり方だ（左ページ下）。

しかし、手間がかかるので、最近は「フロアブル剤」や「ドライフロアブル剤（顆粒水和剤）」がよく使われる。フロアブル剤は、水和剤をあらかじめ

農薬の剤型いろいろ

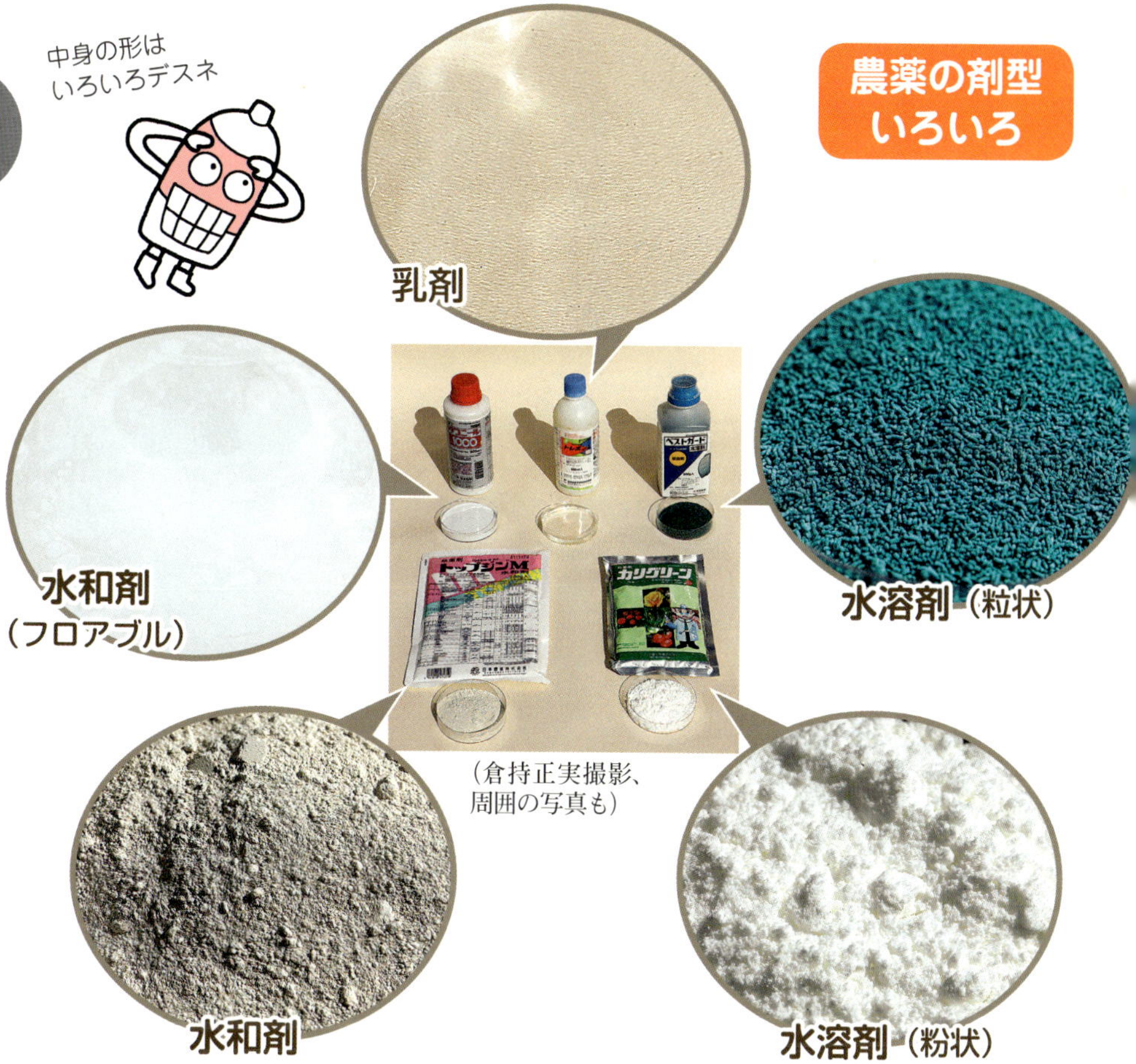

（倉持正実撮影、
周囲の写真も）

水和剤の正しい混ぜ方

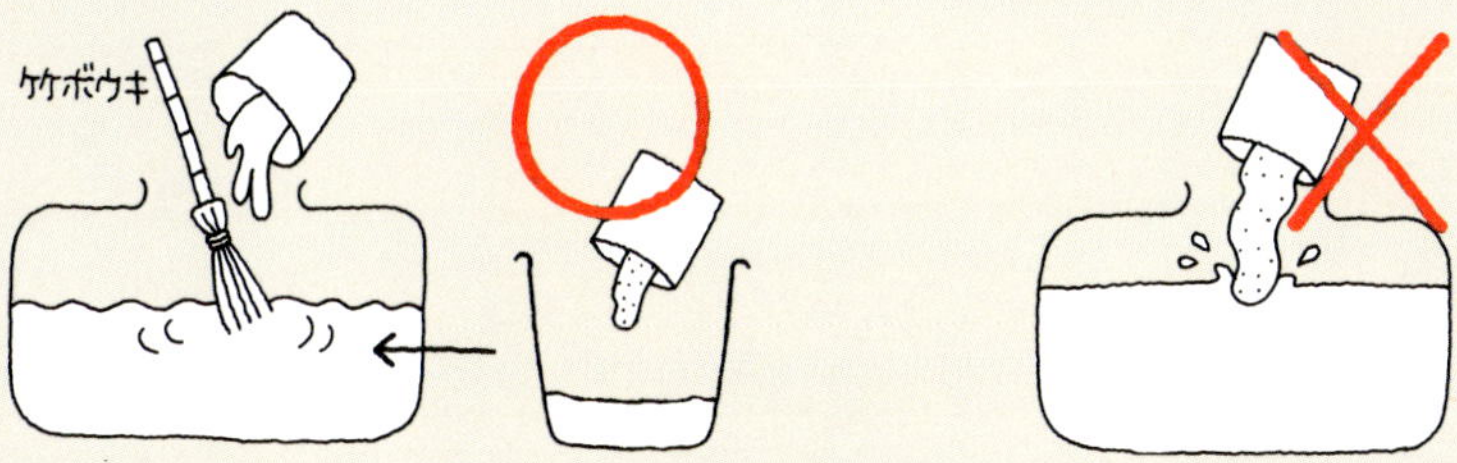

タンクに入れてかき混ぜながら、水を加えていく

いったんバケツに少量の水を入れ、粉を少しずつ加えながらよく溶かす

たっぷり水をはったタンクに直接入れると、ダマができる

失敗しない
フロアブル剤の振り方

果樹の病害虫専門研究者である田代暢哉先生（写真）によると、フロアブル剤を使うときは容器の底に沈殿している成分を落とすために、まず①逆さまにしてから、②左右に振り、③上下に振るのが大切。「逆さまにしないと、いくら振っても混ざりません」とのこと（写真で振っているのは緑茶ペットボトル）

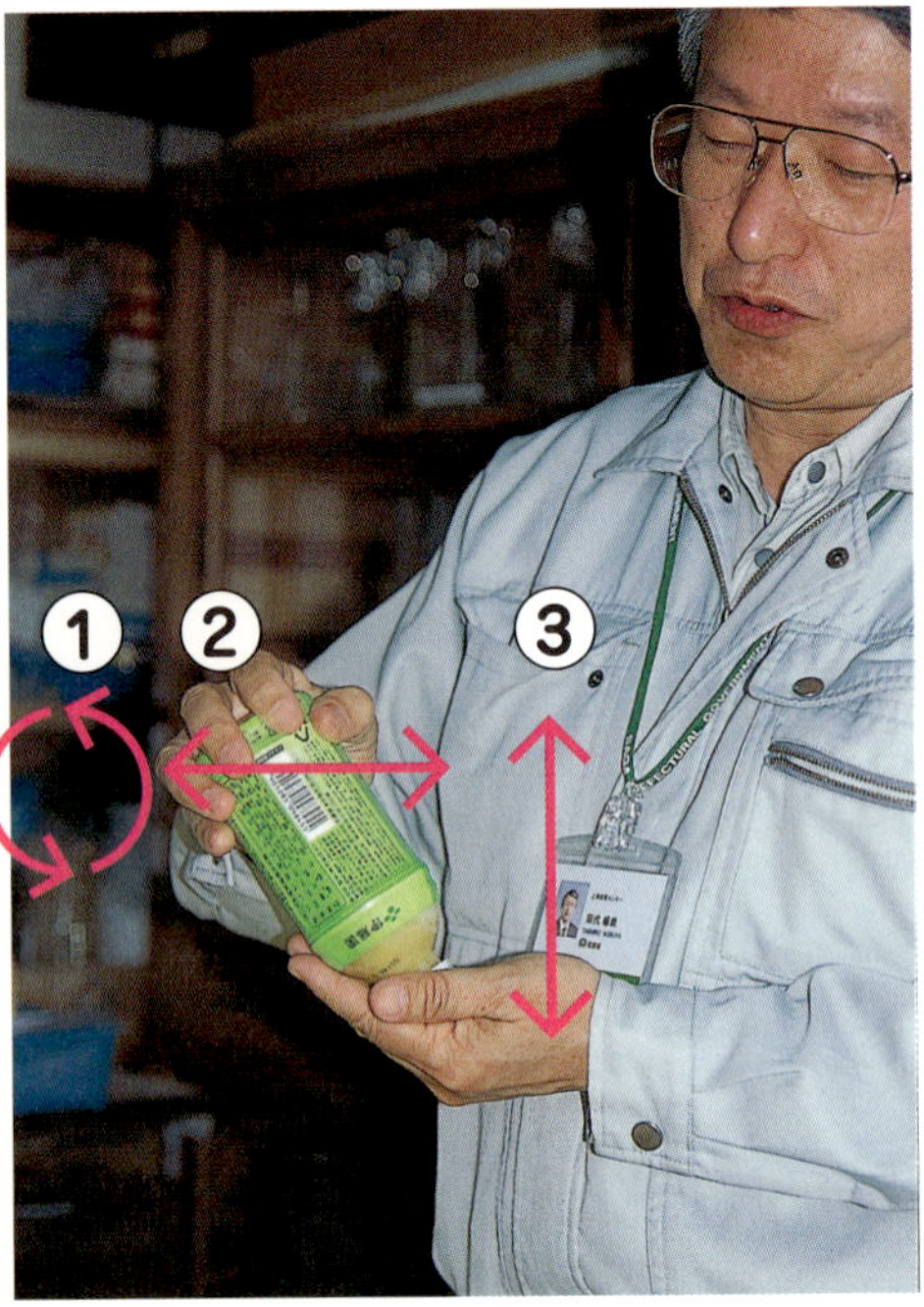

水に混ぜてドロドロにしたもの。液状だから、水和剤のような粉立ちはなく、作業者が吸い込むリスクもない。また、水和剤よりも成分の粒子を小さくしているので、沈殿しにくく、作物への付着性もよい。とはいえ、倉庫に長期間置いておくと、フロアブル剤でも容器内で沈殿するので、使用前に容器を

水和剤グループの特徴

剤　型 （形状）	クスリの粒子の 大きさ（イメージ）	特　徴
水和剤 （粉状）		安いが、調製時に粉立ちしやすい。溶けにくく、タンク内で沈殿し、均一散布しにくい。作物に汚れを残す
フロアブル剤 （液状）		粉立ちがなく水和剤より沈殿しにくいが、粘度が高く、容器の中で沈殿する
ドライ フロアブル剤 （小顆粒状）		粉立ちがなく沈殿しにくい。混ぜる必要がない。反対に少量の水で混ぜると固まる

しっかり振る必要がある（振り方のコツは右の写真参照）。

扱いやすいドライフロアブル剤

ドライフロアブル剤（顆粒水和剤）は、わかりやすくいうと水に溶かした水和剤を再び乾燥・顆粒化したもので、サラサラの顆粒状。粘性の高い液体であるフロアブル剤と違って、簡単に小分けして計量することができる。粉立ちが少なく、タンクに直接パラパラッと入れながら混ぜるだけ。ご丁寧に水和剤の要領で少量の水を入れて練っていくと、固まって逆に使えなくなるので、要注意だ。

以上のように水和剤は粉状、フロアブル剤は液状、ドライフロアブル剤は顆粒状だが、剤型の分類としてはどれも水和剤となる。

殺虫剤には乳剤、液剤

ちなみに、水和剤は殺菌剤に多いのに対し、乳剤は殺虫剤でよく使われてきた。乳化剤を含むので、害虫の体表を覆うクチクラ層に成分が浸み込みやすいからだ。ただし、自動車などに付くと塗装を溶かすこともあるし、石油由来の有機溶媒に成分を溶かしてあるので、火気厳禁。有機溶媒によっては作物に薬害が出ることもある。

そこで、最近では乳剤を改良し、水溶性のポリマーなどで被覆して水に分散させた「エマルション剤（EW）」など、危険物である有機溶媒を使わず水をベースにした乳剤や液剤が多くなってきている。

接触させる粉剤、根から吸わせる粒剤

水に溶かさず、そのままの形で散布するタイプの、「粉剤」や「粒剤」についても見てみよう。粉剤は水の便が悪い圃場で便利だが、周辺に飛散（ドリフト）しやすいので、無風のうちにまく必要がある。ドリフト対策として細かな粒子を取り除き、凝集剤を加えて粒径をやや大きくした「DL（ドリフトレス）粉剤」や「微粒剤」もある。イネやムギへは処理面積が広いので、これらが多く使われる。

一方、野菜や果樹で粉剤を葉面散布することはあまりない。イネの葉は細くて縦にまっすぐ伸びているので、散布時の圧力で十分に粉が付着するのに対し、野菜や果樹では葉が大きく方向もバラバラなので、散布ムラが出やすいためだ。そこで、粉剤や微粒剤を床土や圃場全面にまいて混和したり、粒剤を

播種や移植時にパラパラッとまいて使う。粉剤や微粒剤は病害虫に接触することで作用するのに対し、粒剤は根から吸わせて植物に浸透移行させ、予防剤的（64ページ）に使うのが基本だ。編

農薬の剤型一覧（草刈眞一氏まとめ）

		剤型（略称）	特徴
直接散布するタイプ	粉剤	粉剤（F）	土壌に混和したり、作物に直接散布したりするが、舞い上がってドリフト（飛散）するのが欠点
		DL粉剤	ドリフトレス粉剤。薬剤が舞い上がらないように、細かな粒子を取り除き、粒径をやや大きくした粉剤
	粒剤	粉粒剤、微粒剤、微粒剤F	粉剤を微粒の粒剤に加工して扱いやすくした剤
		粒剤（GR）	大きな粒径の剤で、土壌や水田に施用して根から成分を吸収させる。散布はラクだが、効果が出るまで時間がかかるので、病害虫がすでに発生している場合は、粉剤やDL粉剤を使う
水に溶かすタイプ	水和剤	水和剤（WP）	殺菌剤に多い。希釈倍数が低い場合（500～1000倍など）に、汚れ（薬斑）が目立つことがある
		フロアブル剤	汚れやすい水和剤を改良した剤。粒径が細かくなり、防除効果や作物への付着性も向上している。ただし、粘性の高い液体なので計量が難しい
		ドライフロアブル剤（DF） 顆粒水和剤（WDG）	フロアブルを計量しやすく、使いやすく固形に加工した剤
	乳剤	乳剤（EC）	殺虫剤に多い。有機溶媒に成分を溶かした剤。可燃物で、有機溶媒によって薬害が出ることもある
		エマルション剤（EW）	乳剤を改良。成分を水溶性のポリマーなどで被覆して水に分散させた剤で、薬害が出にくく安全性が高い
	水溶剤	水溶剤（SP）	水溶性の薬剤を水に溶解した剤で、希釈液が無色透明。粉状、粒状の固体の製剤で、薬剤の粒子が細かいのでムラなく混ざり、汚れにくい。薬害が出にくく、安全性や防除効果が高い
	液剤	液剤（SL）	水溶性の液体製剤。乳剤よりも薬害が出にくい
		マイクロエマルション剤（ME）	成分を少量の有機溶剤に溶かし、微粒子にして水に分散させた剤
カプセル剤		マイクロカプセル剤（MC）	成分をポリマーで被覆してマイクロカプセル化。効力の持続性が高く、薬害が出にくい。水に溶かす液状タイプのほか、土壌混和する粒状タイプもある

A ドリフトしにくい粒剤、作物が汚れにくい液剤がある。

㈱ウエルシード・小林国夫

「微粒剤」が便利だけど……

野菜の植え付け時などに、土に直接まく場合は「粒剤」や「粉粒剤」をおすすめしています。

例えばネキリムシやタネバエなどに効くカルホス1Bには「微粒剤F」と「粉剤」とがあります。微粒剤Fというのは粉剤と粒剤の間の製剤（粉粒剤）で、粉剤よりもドリフトが少なくて粒剤よりもまんべんなくまける便利な剤型です。エダマメやレタスなどで愛用している農家も多いと思います。

でも、同じ農薬なのに剤型によって登録が違っていたりして、ミニトマトではカルホス粉剤しか登録されていないんですよ。しかたなく使いますが、粉が舞い上がって吸い込みやすく、非常に散布しにくいと農家には不評です。

ネキリベイト3Aという「ベイト剤」もありますが、これは米ヌカなどで害虫をおびき寄せて殺すタイプで、土の表面にパラパラとまいておくだけ。全面混和できる粉剤や微粒剤に比べるとちょっと頼りない。

ネキリムシやタネバエに登録のあるクスリとしては、クロピクなどの「土壌燻蒸剤」もあります。土にまいて混和したら、ビニールで被覆し、気化させます。やっぱり面倒くさいし、農家は嫌がります。いい剤が出るのを、みんな待ってますよ。

タネや農薬、肥料を扱う茨城県の㈱ウエルシード鹿嶋店の小林国夫さん。農薬の系統、登録、混用の相性、値段はだいたい頭に入っていて、農家ごとに最適なローテーションを指導する（依田賢吾撮影）

粉剤と粒剤の大きさ

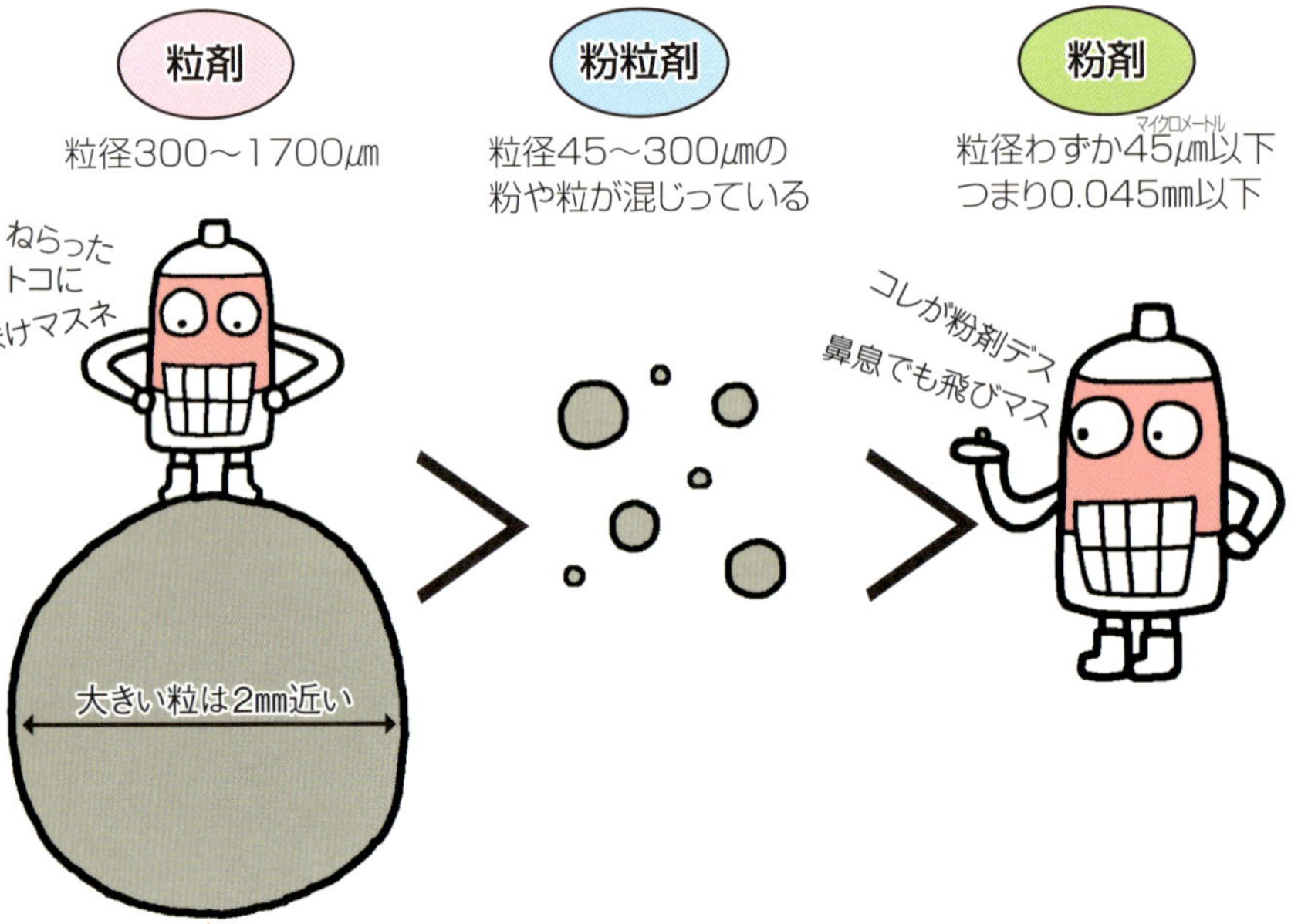

溶けやすい剤型から順に混ぜる

定植後、水に希釈して散布するタイプの薬剤は、作物の汚れにくさを第一に考えておすすめしています。一番汚れにくいのは「液剤」で、汚れやすいのは「水和剤」です。水和剤は水に希釈するといっても、水に溶けるわけじゃありません。散布跡がつきやすくて、トマトが水玉模様になったりします。とにかく使いづらい。

だから最近は水和剤が減って、水和剤をあらかじめ水に混ぜてある「フロアブル剤」や粒状に加工した「顆粒水和剤（ドライフロアブル）」が増えてきました。値段は上がりますが、かなり使いやすくて汚れにくい。ただし、フロアブルでもダコニールMは不思議と汚れやすいんですよね。

水和剤と名前は似てますが、「水溶剤」は水に溶けて、作物が汚れにくい。こちらも使いやすい顆粒タイプがあって、殺虫剤のアルバリンやモスピラン（ともに4A）は「顆粒水溶剤」が人気ですね。

こういったいろんな剤型の農薬を混用する場合は、混ぜる順番があります。タンクの水にまず展着剤を入れて、あとは溶けやすい順に加えていくんです。①展着剤→②液剤→③乳剤→④水溶剤→⑤ドライフロアブル→⑥フロアブル→⑦水和剤の順番です。こうすると、水和剤も水になじみやすくて、散布跡が残りにくくなります。

もちろん効果も上がります。農薬のポテンシャルを最大限に引き出す混ぜ方です。（談）

農薬を混ぜる順番

基本は、

テ → ニ → ス

展着剤 → **乳剤** → **水和剤** の順

展着剤は界面活性剤が含まれていて、クスリを水の中に均一に分散させる力が強い。後から加える農薬がよく分散するように、最初に水に溶かしておく

乳剤にも界面活性剤が含まれている

成分が水になじみにくい水和剤を、展着剤と乳剤に含まれている界面活性剤の力を借りて分散させる

今は、テ エ ニ ス ド フ ス の順

テ：展着剤
エ：液剤
ニ：乳剤
ス：水溶剤
ド：ドライフロアブル
フ：フロアブル
ス：水和剤

溶けやすい ←→ 溶けにくい

最近はいろんな剤型がありますカラ
テエニスドフス～で覚えまショウ

＊ただし、展着剤でもアビオンE、ペタンV、まくぴかなどは、薬液が泡立ちすぎるので最後に混ぜる

もっと知りたい粒剤の話

どうしたの？
朝からプンプンして

どーしたも、こーしたもないわ。
朝、畑に行ったら、キャベツやダイコンがネキリムシにやられてたのよ。
寝てる間にやるなんてズルイわ、プンプン！

私はいつも粒剤まいてるから大丈夫。
アンタも使ってみたら？　粒剤って便利よ！

粒剤のいいところ

クスリといえば
水に溶くもの
だと思ってたけど

散布の道具がいらず、
すぐまける

水和剤や粉剤などのように風に飛ばされて、となりの作物や畑にかかる心配がない

効果が2～4週間
長持ちする

効果を長持ちさせる加工をしてあるので、液剤や粉剤に比べて単価は高い

ただし、土が乾燥していると
効果が出にくい

粒剤が害虫を防ぐしくみ

その作用の特性から、大きく2つのタイプに分けられる

浸透移行タイプ

株元にまいた粒剤の成分が根から吸収されて葉に移行し、その汁を吸った害虫に効く

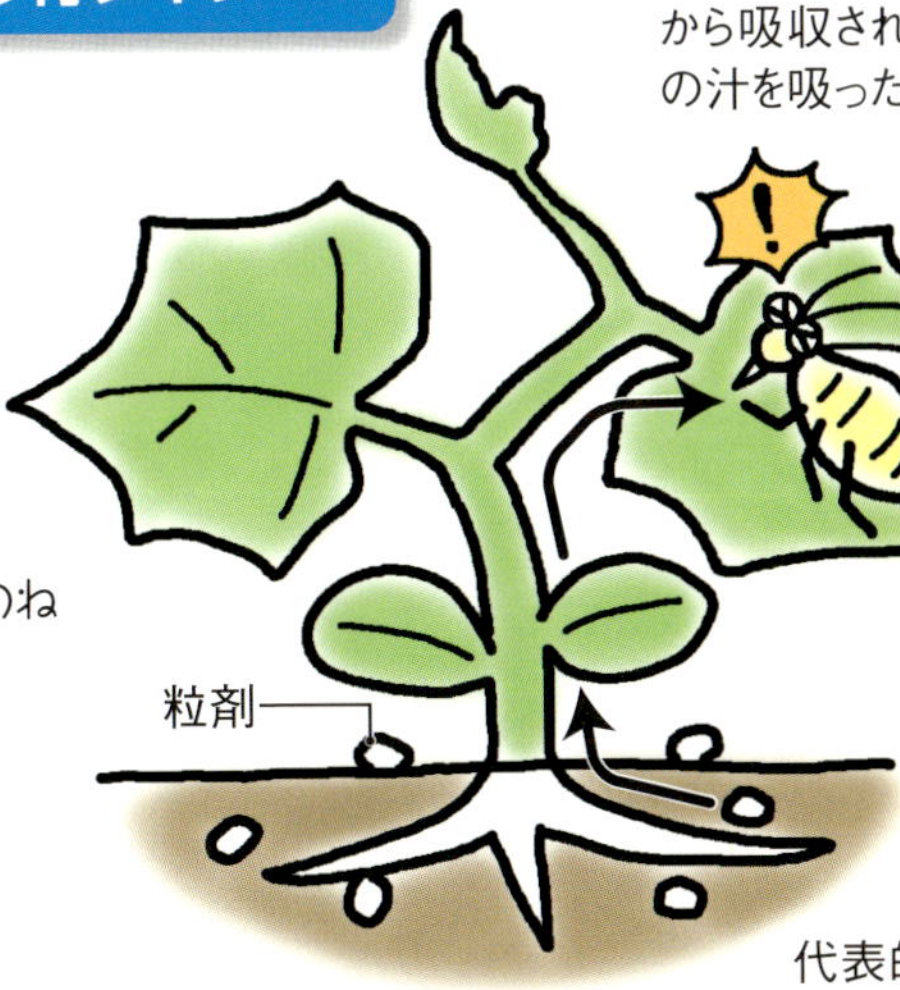

主にアブラムシやアザミウマ、コナジラミなどの吸汁性害虫、アオムシなどの食害性害虫に効く

オルトランは、
こんなふうに効くのね

代表的なものにはオルトラン、オンコル、アドマイヤー、アクタラなどがある

接触タイプ

土に混ぜ込んだりしておき、それに接触した害虫に効く。ガス化して死滅させる場合もある

ダイアジノンって、
こうやって効いてるんだ

主にネキリムシやコガネムシ、キスジノミハムシなど

代表的なものにはダイアジノン、カルホス、フォースなどがある

※このほかに、ベイト剤と呼ばれるタイプもある。害虫をおびき寄せて殺すしくみで、ガードベイトAがこれ。次のページでくわしくみてみよう。

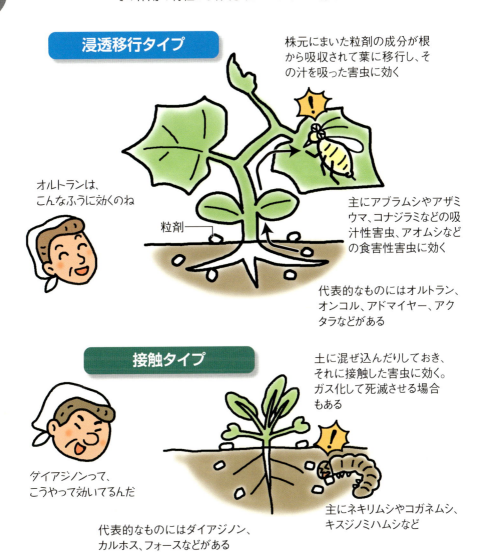

ベイト剤に混ぜられているのは穀粉

ベイト剤とは、有効成分に害虫が好むエサを配合し、食べさせて殺す製剤で、毒餌剤とも呼ばれる。エサはフスマや米ヌカといった穀粉が多いようだ

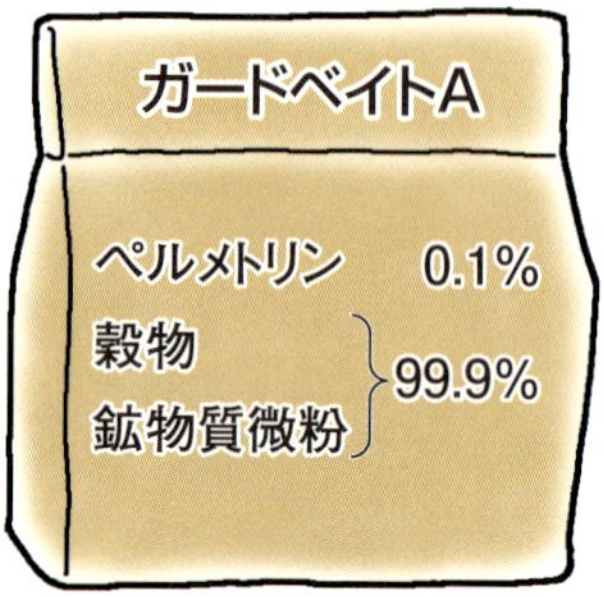

ネキリムシの専用剤だが、28の作物に登録がある。ネキリエースKも同じベイト剤

どんどん寄ってく！それにしても粒剤って、本当に増量剤がほとんどなのね

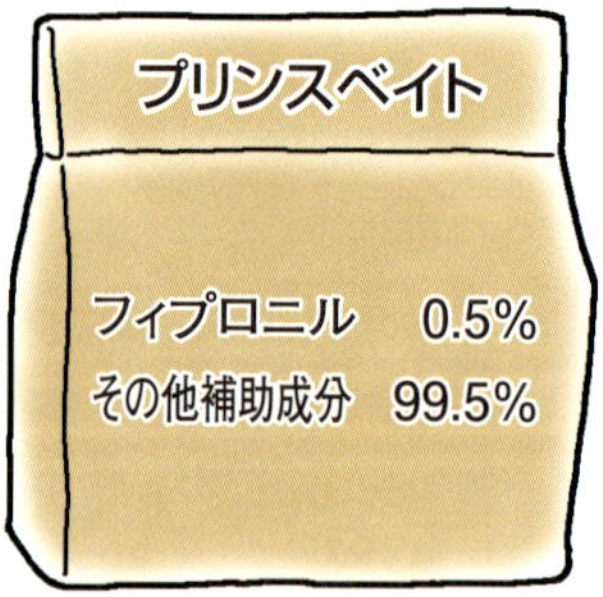

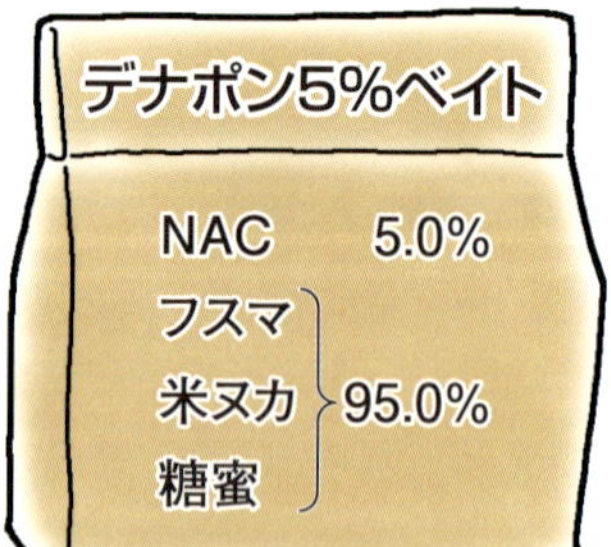

米ヌカとか糖蜜って聞くと、なんだか粒剤も身近に思えてくるじゃない

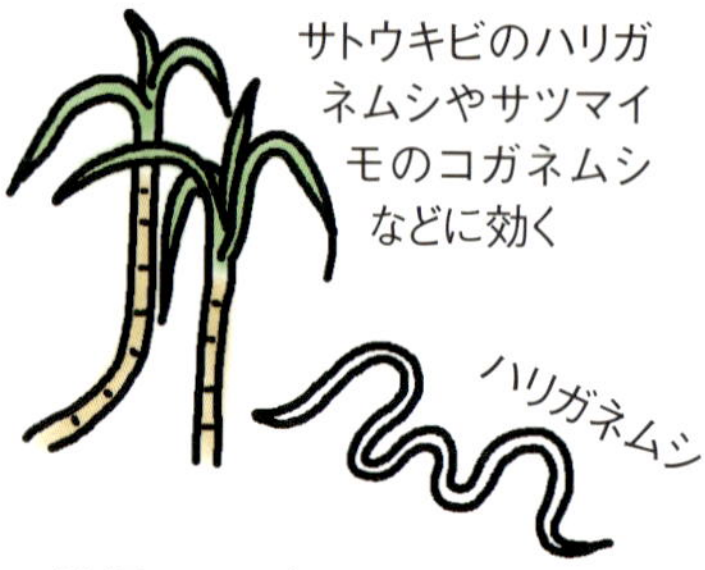

サトウキビのハリガネムシやサツマイモのコガネムシなどに効く

ハスモンヨトウやネキリムシなどに効く

沖縄では、プリンスベイトのおかげで、サトウキビの根を食い荒らすハリガネムシが駆除され、増収に役立っている

粒剤の昔と今

私はオルトランとかダイアジノンで十分よ。最初の頃のアブラムシやネキリムシが防げればいいの

有機リン系
オルトラン
ダイアジノン
カルホス など

1950年代から登場し、今に至る。幅広く何にでも一定期間効くタイプ。残効期間は2週間ほど

カーバメイト系
デナポン
オンコル
ガゼット など

何にでも効くが、有機リン系よりは限られる

ピレスロイド系
ガードベイトA
フォース など

ガス化や接触効果で速効性があり、何にでも効くタイプ

ネライストキシン系
パダン など

海産動物のイソメの毒素からつくられた仲間で、とくに食害性の害虫に効く

浸透移行性の粒剤は、植物をかじる害虫には効くが、一般に天敵には影響が出にくい。ネオニコチノイド系以降のものほど影響が少ないようだ

ネオニコチノイド系
アドマイヤー
アクタラ
スタークル など

1990年代から登場。有効成分が0.5%など低薬量でもアブラムシなど吸汁性害虫にピンポイントで効き、残効が4週間ほどと長い。イモムシ類にはあまり効かない

ジアミド系
プレバソン など

2012年にイモムシ類の特効薬として登場。アオムシ、オオタバコガ、コナガ、ハイマダラノメイガ（ダイコンシンクイ）などに効く。アブラムシには効果が低い

※リドミル粒剤2のような浸透移行性をもった殺菌剤もある

「何にでも効くクスリ」から「皆殺しにしないクスリ」に変わってきてるんだ。私も粒剤使おうかしら

協力：柴尾学先生（大阪府立環境農林水産総合研究所）
参考：『病気・害虫の出方と農薬選び』（米山伸吾編著 農文協刊）

知りたい作物の登録農薬一覧でRACコードもわかる？

ルーラル電子図書館
「登録農薬検索」の
複数作物選択のしかた

1 まず、作物（仮に「いちご」）を選び、「この作物に登録がある農薬」を表示する。

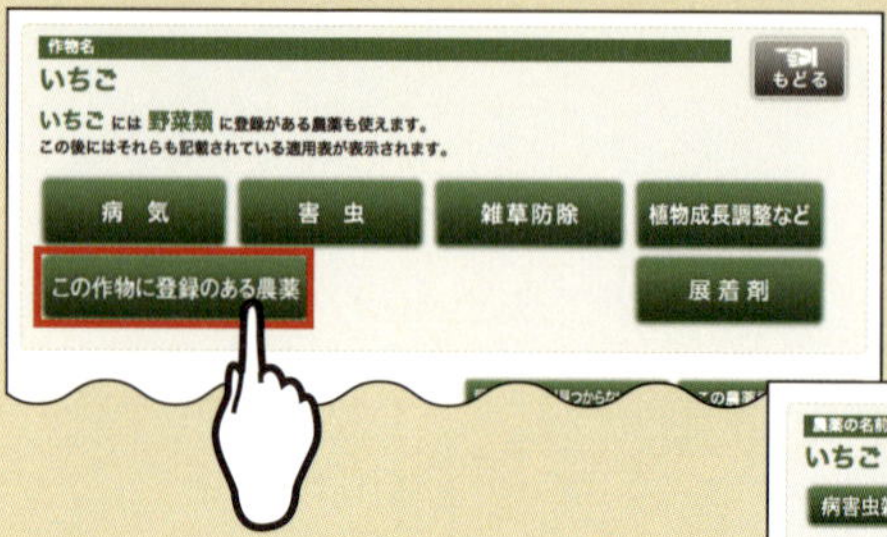

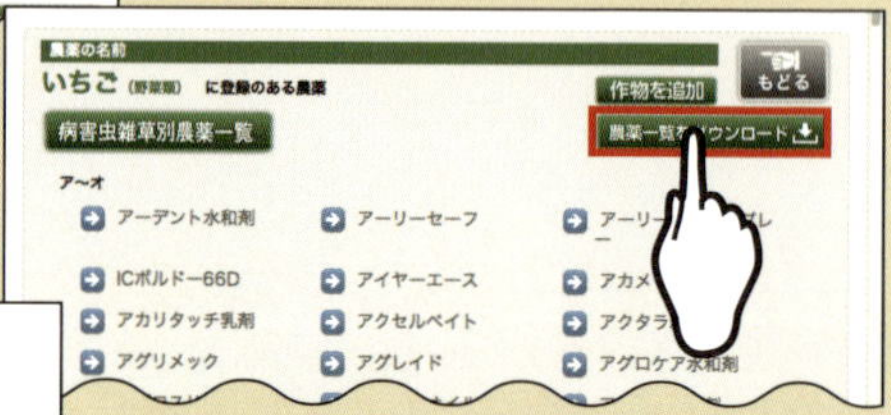

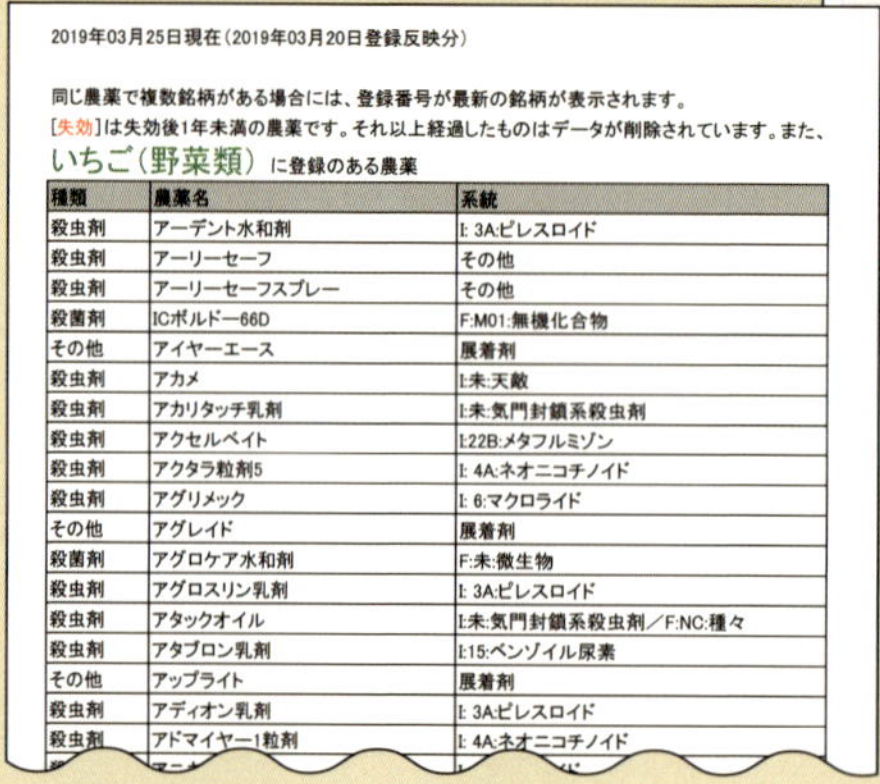

2019年03月25日現在（2019年03月20日登録反映分）

同じ農薬で複数銘柄がある場合には、登録番号が最新の銘柄が表示されます。

[失効]は失効後1年未満の農薬です。それ以上経過したものはデータが削除されています。また、

いちご（野菜類） に登録のある農薬

種類	農薬名	系統
殺虫剤	アーデント水和剤	I: 3A:ピレスロイド
殺虫剤	アーリーセーフ	その他
殺虫剤	アーリーセーフスプレー	その他
殺菌剤	ICボルドー66D	F:M01:無機化合物
その他	アイヤーエース	展着剤
殺虫剤	アカメ	I:未:天敵
殺虫剤	アカリタッチ乳剤	I:未:気門封鎖系殺虫剤
殺虫剤	アクセルベイト	I:22B:メタフルミゾン
殺虫剤	アクタラ粒剤5	I: 4A:ネオニコチノイド
殺虫剤	アグリメック	I: 6:マクロライド
その他	アグレイド	展着剤
殺菌剤	アグロケア水和剤	F:未:微生物
殺虫剤	アグロスリン乳剤	I: 3A:ピレスロイド
殺虫剤	アタックオイル	I:未:気門封鎖系殺虫剤／F:NC:種々
殺虫剤	アタブロン乳剤	I:15:ベンゾイル尿素
その他	アップライト	展着剤
殺虫剤	アディオン乳剤	I: 3A:ピレスロイド
殺虫剤	アドマイヤー1粒剤	I: 4A:ネオニコチノイド

2 「農薬一覧をダウンロード」ボタンを押すと、いちごに登録がある農薬が表示される。

3 表示された、いちごに登録がある農薬とRACコード（系統）。系統欄のIが殺虫剤、Fが殺菌剤。I：3Aなら殺虫剤の3A。逆にRACコードから農薬も調べられる。

これから使おうとする農薬単体のRACコードを調べるだけでなく、自分が知りたい作物の登録農薬とRACコードを一覧で調べたいこともあるだろう。そんなときに便利なのが、ルーラル電子図書館の「登録農薬検索」コーナーだ（74ページ参照）。使い方は上の図のとおりだ。農薬ごとにRACコードを調べる手間がいらない。

第2章

農薬ラベルには書いてない大事な話

予防剤と治療剤の話

Q 農薬には予防剤と治療剤があるの？効果の高そうな治療剤を選びたいのにラベルには書いてない。

A 予防剤で初発を叩くのが病害防除のキホン。

定期散布には向かない「治療剤」

殺菌剤には「予防剤」と「治療剤」がある（66ページ）。大まかにいえば、病原菌が作物に入り込む前に叩くのが予防剤で、作物体内に侵入した病原菌までやっつけるのが治療剤（だいたいは予防効果を併せ持つ）。すでに病気が発生している時に予防剤を散布してもあまり効果は期待できず、そんな時は治療剤に頼るしかない。

確かに治療剤の防除効果は高いといえるわけだが、その範囲は狭い。うどんこ病やさび病だけに効く、疫病とべと病だけに効く、灰色かび病と菌核病だけに効くなど、特定の病気に対して特異的な効果を示す薬剤が多い（アミスターなどのＱｏＩ剤11は比較的幅広く効く）といえる。

また、治療剤には耐性菌発生のリスクがつきまとう。多くの治療剤が「呼吸阻害」とか「核分裂阻害」とか、病原菌の特定の部位や酵素をピンポイントでねらうため（作用機作がシンプル）、その分、遺伝子がごくわずかに変わるだけで耐性菌になってしまう。最初は治療効果があっても、連用すると効かなくなってしまうかもしれないのだ。

つまり治療剤の多くは、特定の病気がすでに出ている場合はともかく、定期的な予防散布には向いていないのだ。

幅広く効いて耐性がつきにくい「予防剤」

その点、予防剤はその名の通り、定期的な予防散布でこそ実力を発揮する。植物体内に入り込んだ病原菌には効かないが、発病前にあらかじめ散布して病原菌を待ち伏せしたり、発病初期に散布して病原菌に直接接触すればバッチリ効く。別名「接触型殺菌剤」である。

ジマンダイセンやオーソサイド、ダコニール、ベルクート、ボルドー液、銅水和剤、硫黄剤（いずれも[M]）などがそうで、いずれも多数の作用機作（農薬が効く仕組み）を持ち、病原菌のさまざまな部位や酵素を幅広くねらう（多作用点阻害剤）。

その結果、予防剤は連用しても耐性菌が非常に出にくい。先に挙げたのはいずれもロングセラーの農薬で、ボルドー液などフランスのブドウ産地（ボルドー地方）でその防除効果が発見されて以降、世界中で130年以上使われているが、いまだに耐性菌がほとんど見つかっていない。

長いこと
ありがとう
Cu
130年ずっとずっと効いてます

また、予防剤は対象の病気が多いのも大きな特徴。例えばジマンダイセン水和剤は、キュウリでいえば疫病、褐斑病、黒星病、炭疽病、つる枯病、べと病に効果がある。守備範囲がすごく広い。古くからある薬剤が多く、たいがい安く買えるところもありがたい剤なのだ。

予防剤で病気の発生を未然に防ぎつつ、それでも病気が出てしまったら、治療剤でピシャッと抑える。治療剤はあくまで切り札。病害防除の基本は価格の安い予防剤の定期散布である。編

次のページから
予防剤と治療剤に
ついてイラストで
紹介しマース
ドーゾ
コチラへ

予防剤、治療剤はどう効くの？

病気の発病までの3段階

病原菌には、カビ（糸状菌）と細菌、ウイルスの3種類ある。このうち、70〜80％の病害はカビによって発病し、残りの20〜30％が細菌やウイルスによって発病する。カビが葉について植物体内に侵入し、発病するまでを見てみると——

① 胞子が葉っぱにくっつく

植物の表面についたカビの胞子（分生胞子）が発芽すると、そこから落ちないように付着器をつくる

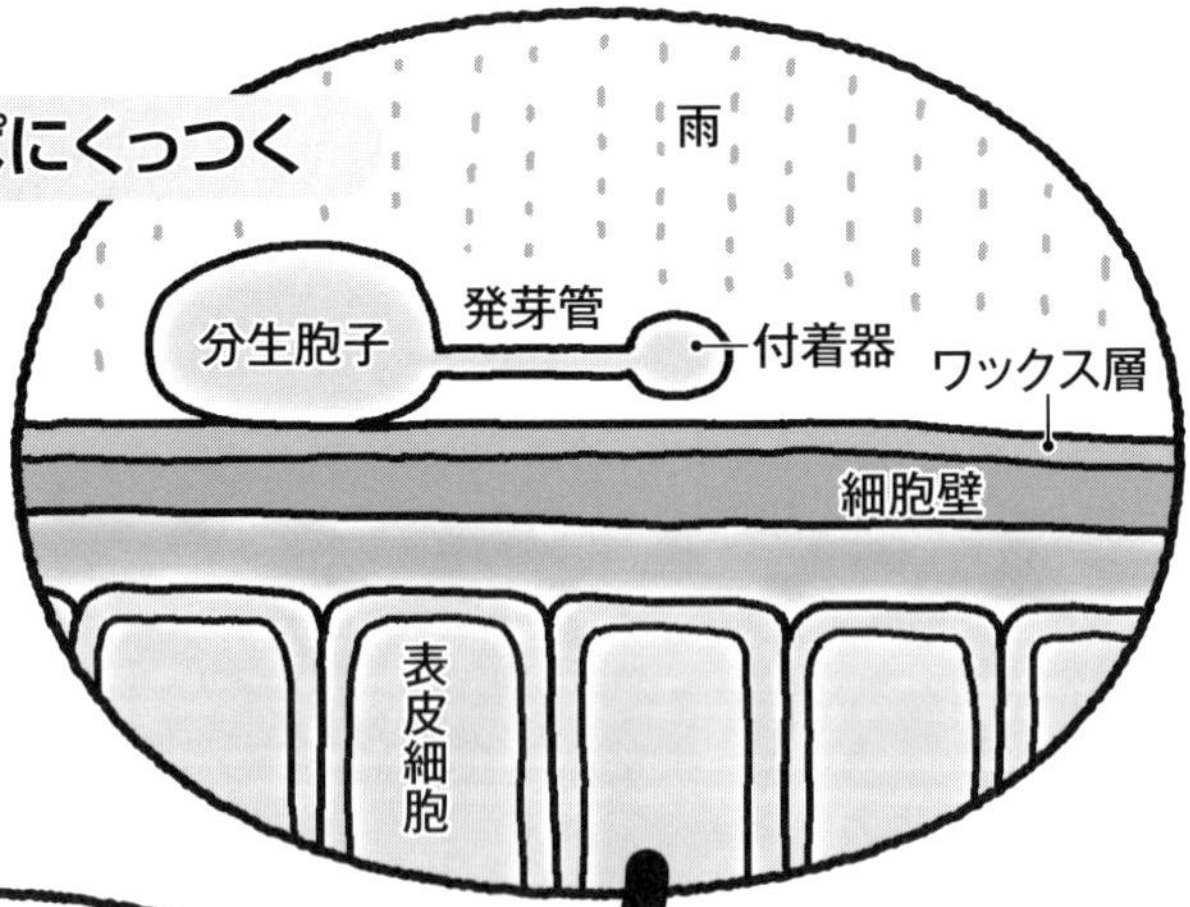

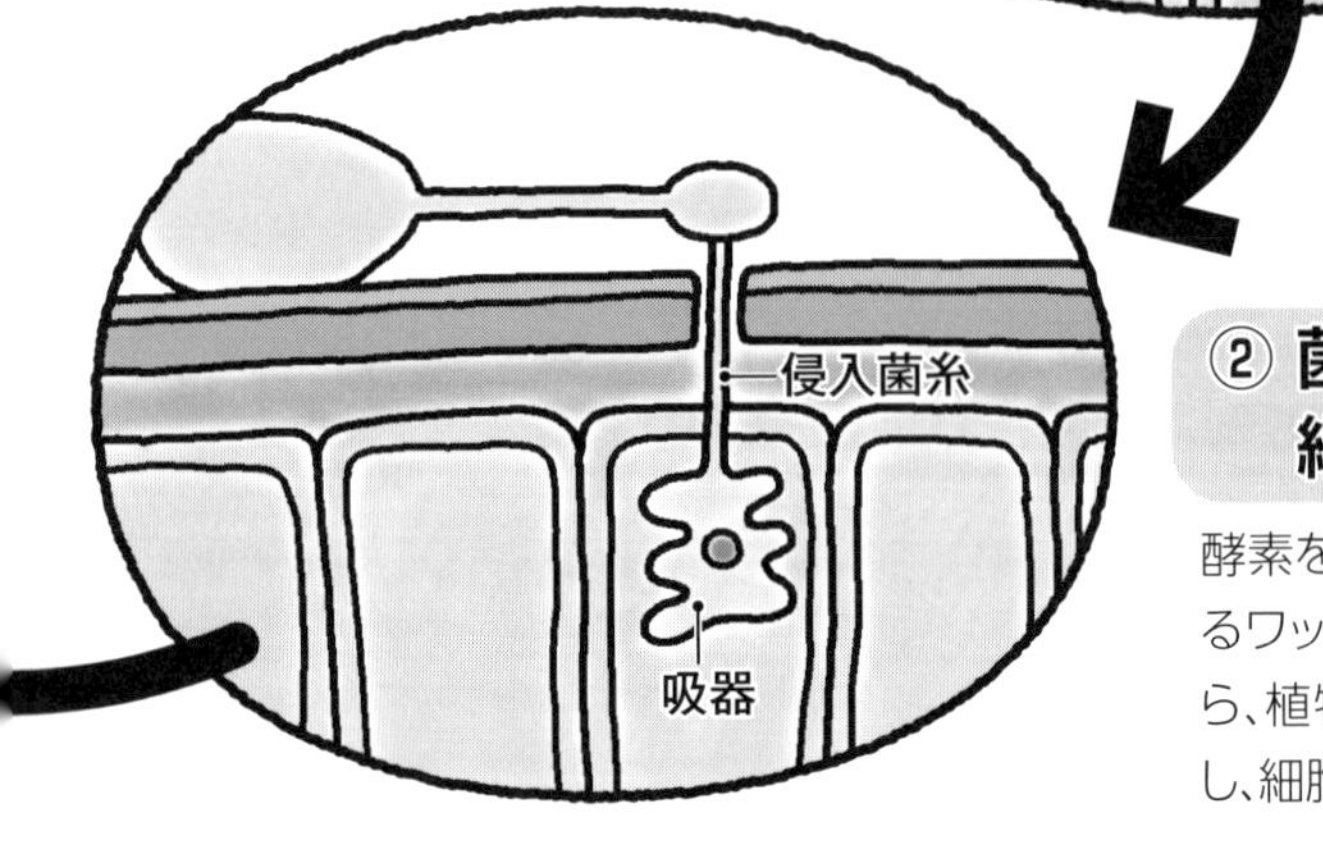

② 菌糸を伸ばし、細胞内に侵入

酵素を出して葉の表面にあるワックス層を溶かしながら、植物体内へ菌糸を伸ばし、細胞内に吸器をつくる

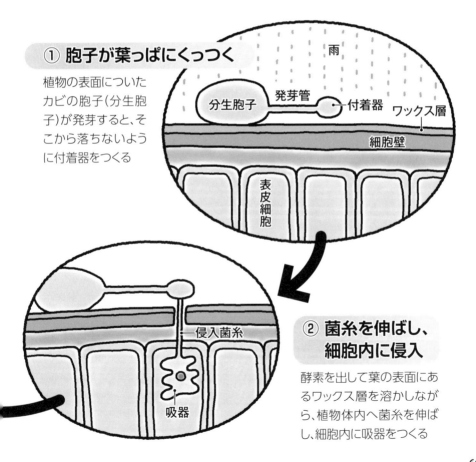

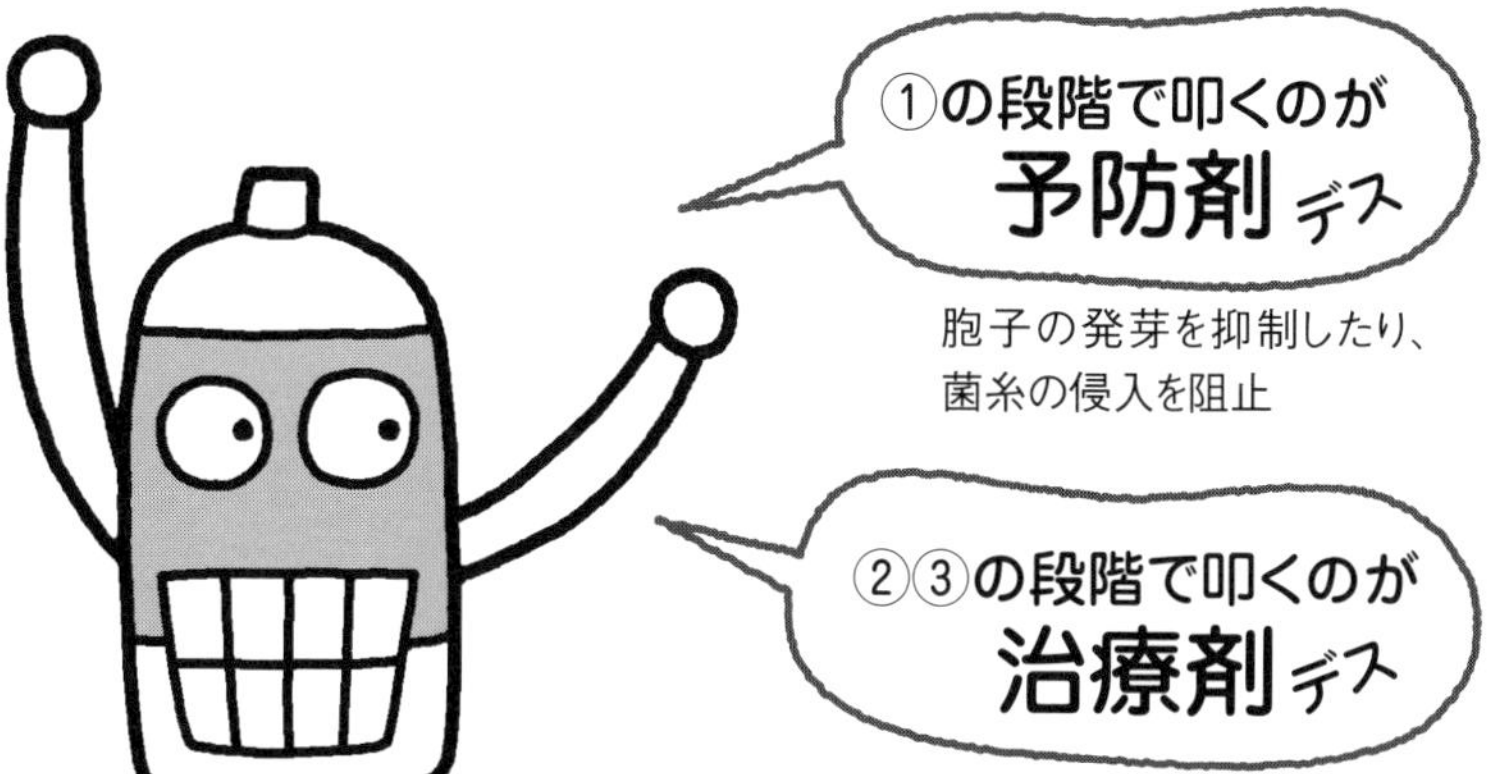

胞子の発芽を抑制したり、
菌糸の侵入を阻止

作物体内に成分が浸透。侵入した菌糸や吸器に作用して死滅させたり、分生胞子の形成を阻害する

③ 細胞から栄養をとり、分生胞子をつくる

吸器で植物から栄養を吸収しながら繁殖し、再び胞子を拡散。これを繰り返して増殖していく

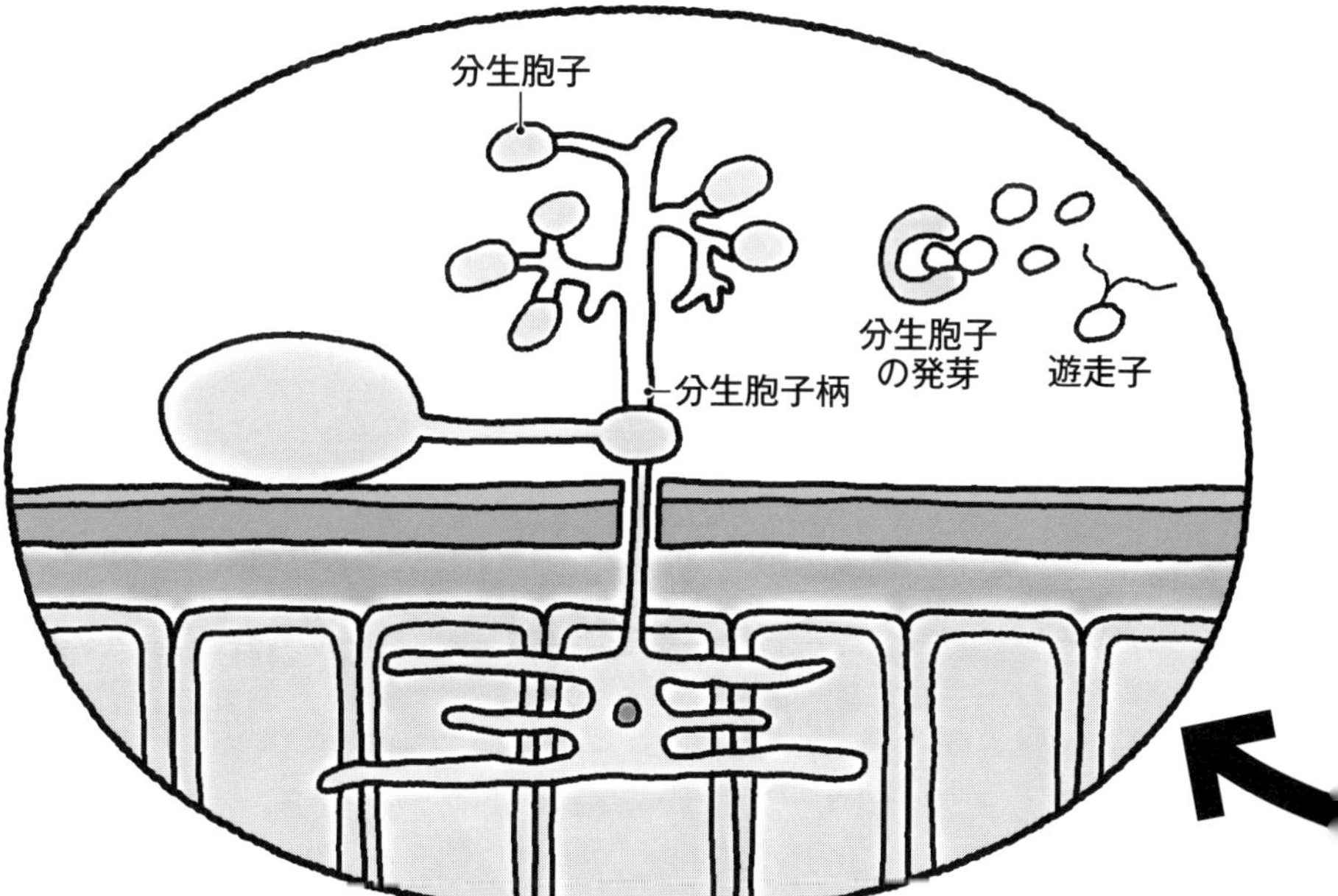

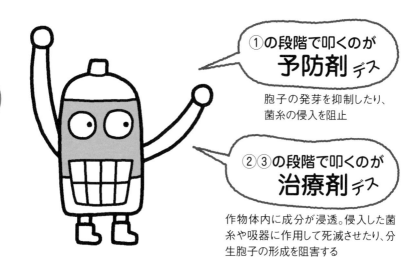

予防剤はどう効く?

完全に予防剤といえるクスリは、3つに分類できる。

① 葉っぱを覆って、病原菌の侵入を阻止するタイプ

病原菌が接触してきたときにダメージを与える。「多作用点接触活性」と呼ばれ、FRACコードで M に分類されるもの。銅剤、硫黄粉剤、ジマンダイセン、ベルクートなど (31ページ)

● 銅剤の効き方
葉面散布すると、固まって葉にくっつく。弱酸性の雨などによって殺菌力のある銅イオンが溶けだし、葉っぱをガード

銅イオンが病原菌の細胞膜を破壊したり、酵素活性を阻害したり……。特定の場所ではなく、いろんな場所に攻撃(作用)するので、耐性菌が出にくい
あっちもこっちもやられた
一度散布して乾いたら、雨が降っても落ちにくく、効果が長持ちする(3週間、累積降雨量300㎜まで効く)

葉っぱの表も、裏もくまなくかけましょう!

② 植物の耐病性を強めて予防するタイプ

動物の免疫機構のようなもので、植物体内に有効成分が入り込むと、植物自身が病害に対する耐病性を強める。「抵抗性誘導」と呼ばれ、FRAC コードで P2 P3 P7 に分類されるもの。オリゼメート、スタウト、ルーチン、アリエッティなど (31 ページ)

●オリゼメートの効き方

粒剤はイネの箱処理剤や、ネギ・ハクサイの軟腐病対策などに使われる。有効成分のプロベナゾールを根から吸収すると、いもち病菌や軟腐病菌などの侵入に対して作物が過敏に反応するようになる

花粉症と違って、ありがたいほうの過敏感反応デスネ

イネ自身が活性酸素や抗菌物質を出したり、侵入を許した細胞が素早く壊死。周囲の細胞への侵入を食い止めるとともに、死んだ細胞から毒素が出て病原菌を道連れに……

③ 植物体内への侵入を阻止するタイプ

菌が自分の体を硬くして葉っぱの内部に侵入しようとするのを防ぐ。「メラニン生合成阻害」と呼ばれ、FRACコードで 16.1 16.2 16.3 に分類される。コラトップ、ビーム、アチーブなど (31ページ)

●**コラトップの効き方**

粒剤はイネの箱施用剤などに使われる。根から吸われた有効成分が、今まさに植物体内に突入せんとする病原菌の出鼻をくじく!?

病原菌が植物に侵入するとき、酵素を出してワックス層を溶かすとともに、突入に向けて自分の体を硬くする。その方法は──

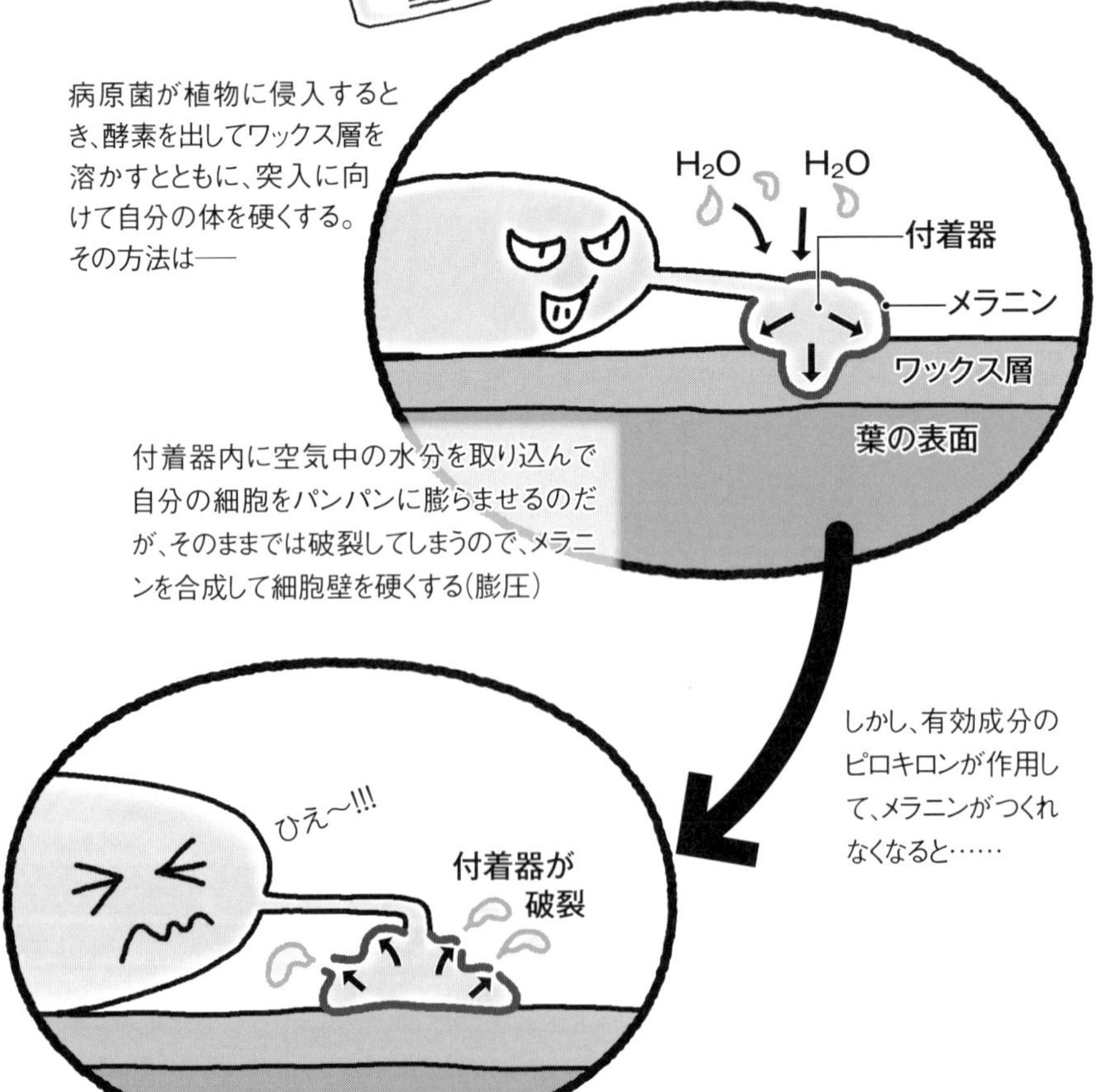

付着器内に空気中の水分を取り込んで自分の細胞をパンパンに膨らませるのだが、そのままでは破裂してしまうので、メラニンを合成して細胞壁を硬くする(膨圧)

しかし、有効成分のピロキロンが作用して、メラニンがつくれなくなると……

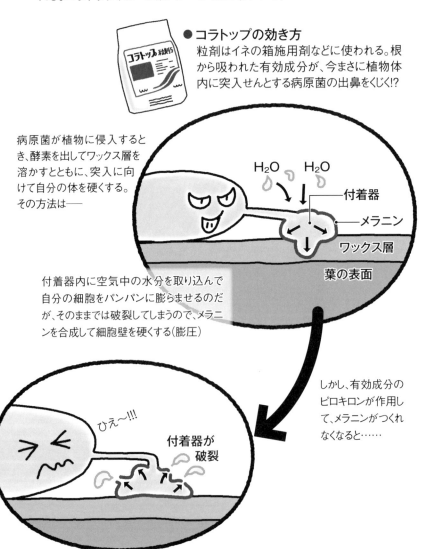

治療剤はどう効く?

植物体内に侵入後の病原菌を攻撃。有効成分は病原菌の体内にまで入り込んで生命活動の邪魔をする。作用する場所は、農薬の系統ごとにさまざま。呼吸阻害、タンパク質合成阻害、細胞壁合成阻害など。

●アミスターの効き方

フロアブル剤はイネや野菜、果樹と広範囲に使われる。葉面散布すると葉っぱの中に侵入した病原菌の呼吸を阻害する。灰色かび病、うどんこ病、疫病など、さまざまなカビに効く。あとで侵入してくる菌にも作用するので、予防剤的にも使える(1〜2週間)

*その他の治療剤でも、作目や病原菌の種類、散布のタイミングによっては予防剤的に使えるものもある

*殺虫剤の効き方については、32ページを参照

浸透性、浸達性、浸透移行性の違いって?

浸透性、浸達性のクスリは、葉の表に散布したら葉裏まで到達する。ほぼ同じ意味で使われるが、浸達性のほうがやや浸透の度合いが少ないニュアンス。浸透移行性は葉や根から吸われ、植物全体に成分が移行する性質。これらの性質をもつクスリは、銅剤(68ページ)などと違って多少の散布ムラがあってもOK。また、ベーパーアクション(揮発性)のある薬も散布ムラをカバーしてくれる。

Q ラベルに予防剤と治療剤が書いてないのはなぜ？

A 農薬メーカーが耐性菌発生に慎重になっている。

なぜか「治療効果」を隠すメーカー

農薬ラベルには、まず書いてない。カタログに明記している場合もあるが、やっぱり書いてない場合が多い。もしかして、メーカー自身にもわからないのだろうか？

大阪環境農総研の草刈眞一先生によると、もちろんそんなことはなく、農薬の成分の研究論文まで遡れば、そのクスリが予防剤か治療剤かはちゃんと書いてあるという。そしてなぜか、論文では「優れた治療効果あり」と紹介しているのに、カタログでは「高い防除効果を示す」くらいの控えめな表現になっていることがよくあるという。

調べてみると、例えば2016年に登場したスクレアフロアブル（住友化学）。新開発の有効成分マンデストロビンが幅広く病気に効き、とくに菌核病に高い効果があるようだ。試験論文を見ると、ダイズ菌核病に対して「病害の初発後に本剤を処理しても、高い防除効果が期待できる」と説明している。発病後の防除効果だから治療効果があるということだ。また、「処理後速やかに植物体内に吸収され、未処理面にも移行する」と、治療剤の証でもある「浸達性」（71ページ）があることも紹介している。

ところが、メーカーのパンフレットには「菌核病に優れた効果」とか「ナシ黒星病、モモ灰星病、モモホモプシス腐敗病に優れた効果」としか書いていない。とてもよさそうな剤なのに、浸達性があることにも、治療効果があることにも触れていない。

同じく16年に登場したメジャーフロアブル（日本農薬）もそう。論文には「予防および治療効果を示す」とあるのに、カタログでは「浸達性、浸透移行性が高い」としつつも「多種の病害防除に高い効果を発揮する」という表現にとどめている。

「治療剤」には耐性菌発生のリスクがある

草刈先生によると、これは農薬メーカーが慎重になっているからだという。いくら治療剤だからって、蔓延した病気を抑える力はそうそうない。治療効果ありと謳ってしまうと、いざ病気が抑えられなかった時に「効かなかった」といわれるかもしれない。

また、22ページで紹介したように、連用すれば耐性菌が発生する恐れもある。そういえば、スクレアフロアブルもメジャーフロアブルもFRACコードのQoI剤だ。アミスターや嵐に代表されるQoI剤は治療剤の代表格ともいえるが、幅広く効く一方でさまざまな耐性菌が問題になっている（40ページ）。

ホントは
「治療剤」なんだけど
ヘタに言うと
マズイ…
すぐれた効果

「予防剤」くらいはラベルに明記してほしい

メーカーの気持ちもわからないでもないが、農薬ラベルには、せめて「予防剤」くらいは明記してほしい。「治療効果」と比べると、「予防効果」だと確かに効果が低そうに見えてしまう恐れはある。しかし紹介したように、予防剤の効果は使い方次第。安い予防剤で初発を叩くのが病害防除のキホンなのだ。メーカーは胸を張って「予防剤」を売り出してほしい。編

予防剤の見分け方

FRACコードの M と 16 と P を見る

とりあえず手っ取り早く予防剤を見分けるには、FRACのコード一覧を利用するといい（29ページ）。

草刈先生によると、この表のうち、ボルドーやジマンダイセン、ベルクートなどの M（多作用点接触活性）、コラトップやアチーブ、ゴウケツなどの 16.1 16.2 16.3（メラニン生合成性阻害）、オリゼメートやスタウト、アリエッティなどの P1 P2 P3 P7（抵抗性誘導）は予防剤といえるそうだ。編

A ルーラル電子図書館では予防剤・治療剤の区分を一覧できる。

ルーラル電子図書館（http://lib.ruralnet.or.jp/）のトップページ。会員になると「登録農薬情報」のコーナーで農薬の情報をくわしく調べられる。年会費2万5920円（税込）
お問い合わせは　TEL03-3585-1162　専用メール：lib@mail.ruralnet.or.jp

農文協が運営するデータベース「ルーラル電子図書館」には、『現代農業』や『農業技術大系』などの記事だけでなく、農薬情報も収録されている。登録されているすべての農薬に関する情報を、見やすく編集してあり、内容はかなり充実している。

殺菌剤については、各県の防除指針情報などを独自に調査し、それぞれの農薬が「予防剤」か「治療剤」かという区分を記載している点も、おそらく日本では唯一だろう。もちろん、各農薬の系統（RACコード）も一覧できる。つまり、農薬の商品名も種類名も成分もRACコードも、登録や使用基準まで、農薬選びに必要な情報が一度に確認できて大変便利。

インターネットにつながったパソコンやスマートフォンさえあれば、好きなときに自由に農薬についてくわしく調べられるので、有料・会員制のサービスではあるが会員数は年々増えている。農薬選びには「ルーラル電子図書館」が欠かせない！という農家も少なくない。編

作物名・病害虫名から探したときに表示される一覧画面の例
（通常は会員のみ閲覧できる）

電子図書館 > 登録農薬検索コーナー > 作物名からさがす > ハからはじまる作物 > はくさい > 病気 > 農薬

登録農薬検索コーナー　　2018年04月04日更新（2018年04月01日登録反映分）

作物名
はくさい（野菜類）/黒斑細菌病 に登録のある農薬　作物を追加　もどる

●個々の農薬に関する情報は、下の1 使い方、2 農薬の種類、3 成分別使用回数に分けて掲載しています。
●「系統」は、農薬成分のグループを、RACコードとともに表示しています。耐性・抵抗性の発生を避けるため、コードが同一の薬剤連用はしないでください。
→RACコードの説明はこちら
●「効果等」の項目中、「予」は「予防のみ」、「予＋治」は「治療効果もあり」という意味です（農文協調べ）。
●［失効］は失効後1年未満の農薬です。それ以上経過したものはデータが削除されています。また、短期暴露評価による変更等により、失効後1年未満でもデータを削除した農薬があります。［新薬］は新規登録から1年以内の農薬です。

適用表をダウンロード

A　1 使い方　　2 農薬の種類　　3 成分別使用回数

農薬名	一般名	B 系統	効果等	C
Zボルドー 新規	銅水和剤	F:M 1:無機化合物	予	全ての適用
アグリマイシン-100	オキシテトラサイクリン・ストレプトマイシン水和剤	F:41:テトラサイクリン抗生物質／F:25:グルコピラノシル抗生物質	予＋治	全ての適用
カセット水和剤	オキソリニック酸・カスガマイシン水和剤	F:31:カルボン酸／F:24:ヘキソピラノシル抗生物質	予＋治	全ての適用
スターナ水和剤	オキソリニック酸水和剤	F:31:カルボン酸	予＋治	全ての適用

たしかにバッチリ
書かれてマスネ。
これはイイカモ
さっそくスマホで
見てみマショウカ
スマホ

A ここを押せば使用基準（希釈倍数、使用回数など）も一覧で確認できる

B 系統（RACコード）はここで確認。Zボルドーの場合は、FRAC（殺菌剤）のM、成分名は「無機化合物」という意味

表にM1と書かれているのは、FRACではMの農薬がさらにM1、M2……と細かく分類されているため。本誌ではこれらをまとめてMとする

C 予防剤・治療剤の区別を表示。「予」は予防剤、「予＋治」は治療剤。

残効の話

収穫直前のキュウリ
（赤松富仁撮影）

Q ラベルに書いてなくて困ることといえば、農薬の残効期間。わからないと防除のタイミングを逃してしまう。

この農薬の効果は何日間続くの？

A だいたいは1〜2週間。殺虫剤ではネオニコ系 4A 、殺菌剤では予防剤 M の残効が長い。

「系統」が残効期間の目安にもなる

農薬によってはカタログに「1週間程度効果が持続する」と書いてあったり、論文にさかのぼれば「2週間以上の残効性を示す」などと書いてあったりするので、ラベルに書いてないのは、やっぱりメーカーの及び腰なのだろうか。

大阪府の草刈眞一先生によると、農薬の「残効」は基本的には7〜14日くらい、長い残効期間を持つ剤で2週間以上20日間程度と考えればいいそうだ。

そして、農薬の残効を知るうえでも、「系統」（22

ージ）が参考になるという。例えば殺虫剤では一般的に、合成ピレスロイド剤3Aや有機リン剤1Bは即効的に効くが、分解が早くて残効は短いとされている。脱皮阻害剤のＩＧＲ剤（7Cや10A10Bなど）は遅効性で、浸透性はないが残効は長い。

一方でネオニコチノイド系4Aの殺虫剤は、即効的でかつ残効性もあるということで重宝されてきた。

殺菌剤では、ボルドー液で20～28日程度、ジマンダイセン、デラン、ダコニール（以上すべてM）、ベンレート1で2～3週間、ベルクートM、スコア3、アミスター11では10～14日程度が残効期間の目安といわれている。

ただし、これらはあくまで毎日晴れていた場合の話（またはハウス栽培の場合）。露地栽培で雨が続けばそんなに持たないし、温湿度や病害虫の発生状況によっても残効は変わるそうだ。

そこで、残効期間が長い剤だからといって油断せず、防除後は天気をにらみつつ病害虫の発生状況をよく観察。初めは7日間隔で2回程度散布して、その後被害が収束するようであれば間隔を空けたり、次の防除を見送るようにすればいいという。

「収穫前日数」と「残効期間」は違う

ちなみに、農薬の登録情報にある「使用時期」（収穫前日数）と残効期間は違う。つまり収穫前21日まで使えるから残効が長い、収穫前日まで使えるから残効が短いとは、一概にいえないという。

これは農薬の「残留性」と「残効性」の違いによるもので、例えばジマンダイセン水和剤では、対象の作物によって収穫前日まで使えたり、90日前までしか使えなかったりするが、残効性が各作物でそこまで変わるわけでもない。

昔のＤＤＴやＢＨＣは、とにかく長く効いたが、残留性も強いことから使えなくなった。一方、最近は製剤技術の進化によって、残留性は低いが残効は長い、という剤型の農薬も作れるようになった。例えばマイクロカプセル（ＭＣ）剤は、有効成分を特殊な樹脂などで包み込んでいる。成分は少しずつ放出（除放）されるので効果は持続するが、外に出ると分解されるので残留性は低いというわけだ。

編

殺菌剤の残効期間と耐雨性の目安

殺菌剤の種類	期待できる残効期間（日）	耐雨性（散布後の累積降雨量㎜）
ボルドー液	28	300 ～ 350
ジマンダイセン水和剤 デランフロアブル コサイドボルドー	21	250 ～ 300
ペンコゼブ水和剤 エムダイファー水和剤 リドミル銅水和剤 ストロビードライフロアブル	14 ～ 21	200 ～ 250
フロンサイドSC フジオキシラン水和剤	14	150 ～ 200
キノンドーフロアブル ベルクート水和剤 スコア水和剤 アミスターフロアブル10	10 ～ 14	

（佐賀県上場営農センターの田代暢哉氏作成）

A 残効期間を知るには雨量計を自作すればいい。

JA糸島アグリ・**古藤俊二**

農薬の残効期間は「雨がまったく降らない場合に効果が続く日」と考えてください。日本は雨が多いので、露地栽培の場合は散布後の累積降雨量（どれだけ雨が降ったか）が重要です。そこで、殺菌剤では『現代農業』に昔載っていた「耐雨性」（ここまでの雨量なら薬剤の効果が続くという目安）の表を今でも参考にしています。あくまで目安ですが、毎日の雨量に気をつけながら、散布時期を判断することが大切です。

また、防除は散布量が適切で、作物に農薬の有効成分が確実に付着しているというのが大前提です。殺菌剤に殺虫剤などを混用する場合は、補助剤の界面活性剤等の働きによって成分の付着量が減り、残効期間が短くなってしまうので注意が必要です。

（談）

じょうごとポリタンクで自作できる 雨量計

じょうごの直径と水量の関係

じょうご 直径（㎝）	50㎜時 水量（ℓ）
10	0.39
11	0.48
12	0.57
13	0.66
14	0.77
15	0.88
16	1.01
17	1.13
18	1.27
19	1.42
20	1.57
21	1.73
22	1.90
23	2.08
24	2.26

注）ccまたは㎤で表わすと、直径10㎝のときは390ccまたは390㎤。重さ390g

散布した農薬（殺菌剤）の残効を測るために、果樹農家の間で使われているのが雨量計だ。文字通り降雨量を調べるための道具だが、自分の圃場における防除適期がわかるので、「ミカンの黒点病が防げた」「カキの炭疽病を撃退できた」といった農家が続出している。

考案した佐賀県上場営農センターの田代暢哉さんによると、散布した農薬（殺菌剤）の残効は散布後の累積降雨量で決まる。雨が少なければ残効はもつし、多ければ切れる。それなのに一般には防除暦や散布後の日数で防除のタイミングを決めているから失敗するのだ。雨量計があれば、自分の圃場における散布後の降雨量がひと目でわかり、次回の散布時期もつかめる。

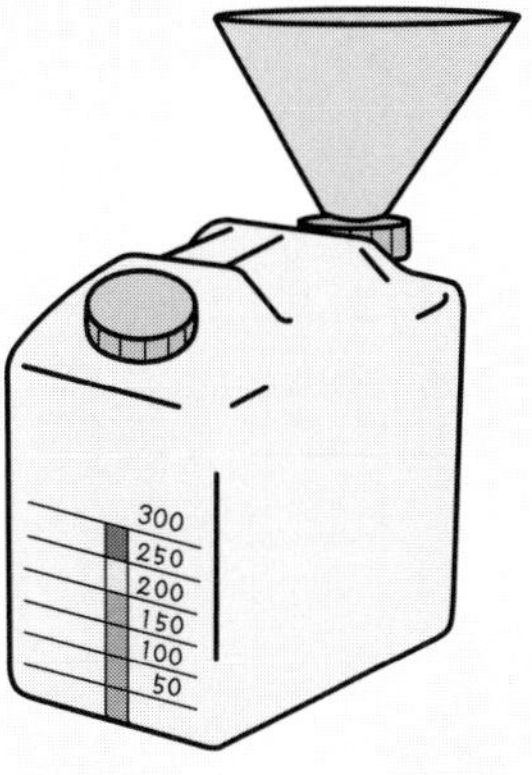

雨量計の作り方

①じょうごの直径に合う降雨量50㎜時の水量を、表を見て測る

②測った水をポリタンクに入れ、降雨量50㎜ごとの水面の高さに線を引く

③青黄赤のテープでクスリの残効ラインを示す。ジマンダイセン水和剤の場合、青0～200㎜、黄200～250㎜、赤250～300㎜

＊参考文献：『だれでもできる果樹の病害虫防除』田代暢哉著（農文協）

混用の話

Q 混ぜると危険な農薬はどれ？

A まずはボルドーと石灰硫黄合剤。

アルカリ性で薬害が出る、効果が落ちる

農薬散布は大変な作業だ。マスクは息苦しいし、ホースは重いし、カッパは蒸れるし、仕事後のビールも飲めない。そんな農家の作業をなるべく減らすべく、最近は殺虫剤や殺菌剤でも混合剤が続々登場している。ただ、やっぱり単剤よりは高いことが多いので、基本は農家の混合散布だ。農水省や指導機関は「庭先混合」と呼んで推奨していないが、なかには5剤くらい混ぜちゃうという猛者もいる。

農薬の混合が推奨されないのは「混用した場合の効果、薬害、残留性、作業者の安全性が把握されていない」から。やるなら「自己責任で」としている。

確かに、薬害は怖い。斑点が出たり、黄化したり。そうならないように、気をつけるべき混用のポイントを知っておきたい。

大阪府の草刈眞一先生によると、まず避けたいのは、石灰硫黄合剤やボルドー液（硫酸銅と消石灰の混合液）などアルカリ性の農薬である。これらと混ぜると農薬の有効成分が分解してしまって、効果が大きく落ちたり、薬害が起きたりする。

一方、同じボルドーでもZボルドーなど、比較的pHの低い銅剤は混用できる場合もある。

「混用事例集」を活用したい

その他、多くの殺菌剤や殺虫剤はpH7（中性）付近で混用できるものが多いが、殺菌剤のアミスター

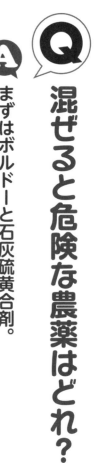

コルト顆粒水和剤の「混用事例集」

薬剤名＼作物名	茶	かんきつ	りんご	なし	もも	かき	ぶどう	ネクタリン	いちご	きゅうり	トマト	なす	ピーマン	キャベツ	レタス	ばれいしょ
EPN乳剤														●		
MR. ジョーカー水和剤		●				●										
アーデント・アザミバスター水和剤	●		●	●	●	●	●	●	●	●			●			
アカリタッチ乳剤									●	●	●		●			
アクタラ顆粒水溶剤	●	●		●	●	●	●			●	●	●	●	●		●
アクテリック乳剤	●											●		●		
アグロスリン水和剤	●	●	●	●		●	●			●		●	●	●	●	●
アグロスリン乳剤		●							●	●	●	●	●		●	
アタブロンSC						●										

日本農薬㈱が公開している混用表。他社製品との混用も載っている。●が「混用して問題なかった」

空欄は「判定するに足りる知見や経験に乏しい」デス。不安な場合は数株で試してみるといいデスネ

[11]やモレスタン[M]、フロンサイド[29]など、混用すると特に薬害が出やすい薬剤もある。農薬の有効成分や補助成分にはそれぞれ相性があって、一概にはなかなかいえないのだ。薬害の出やすさは作物、品種によっても違うこともある。

一つ参考になるのが「混用表」だ。いわば混用経験集とでもいえる表で、AとBを混ぜたら薬害が出たけどAとC、BとCは大丈夫だった、といった結果が一覧になっている。指導機関が防除指針に掲載していたり、メーカーも新剤を発表する際に、主な農薬との混用表を公開したりしている。自社製品だけでなく、他社の農薬との相性も紹介している場合があるので、ぜひ活用したい。全農が出している「農薬混用事例集」もだいたいのJAで見ることができる（県本部には必ず置いてある）。

農薬ラベルに「効果・薬害等の注意」

また、農薬ラベルの「効果・薬害等の注意」を見ると「ジチオカーバメート系殺菌剤との混用は効果・薬害の点で問題がある」などと書いてある場合もあるので、字は小さいがチェックしたい。ただし、スペースの問題もあってか、各薬剤との相性ま

では細かく載っていない場合が多い。ホームページ等で混用表を見るか、公開されていない場合は、メーカーに問い合わせるしかない。

ちなみに混用できない農薬は、時間を空けずに別々に散布する「近接散布」も禁物だ。これも薬剤によって1週間空ければ大丈夫な場合、1カ月程度空けなければいけない場合といろいろだ。 編

（赤松富仁撮影）

A アミスターやストロビー、ベネビアODにも注意。

㈱ウエルシード・小林国夫さん

ラベルからは、混用できるかどうかもまったく見分けがつきませんよね。私が農家に混用しないようアドバイスしているのは主に3タイプの剤。まずアミスターやストロビーなど、浸透性の強いストロビルリン系（QoI剤11）。次にアルカリ性の銅剤など、そして2015年の新剤ベネビアODです。

ストロビルリン系の殺菌剤は治療効果が高いのですが、浸透性が強くて、単剤で使っても薬害が出ることがあります。殺虫剤のベネビアOD 28 も薬害が出やすい。こちらはOD剤（油系フロアブル剤）というんですが、その成分がどうも原因になっているようです。

これらの農薬はラベルにも「キュウリでは、TPNを含む農薬とは混用しないでください」などと書いてありますが、みんな見ちゃいませんね。

組み合わせによって薬害が出やすい農薬は他にもありますが、特にこの三つは混用しないよう声をかけています。

展着剤の混用でも薬害が出る

アミスターやストロビーは、農薬どうしの混用だけでなく、展着剤と混ぜても薬害が出ます。ほとんどダメですね。浸透性、付着性をより強めてしまうからだと思います。

ついでに、葉面散布剤との混用もダメです。うちは作物の状態によって、農薬散布の際に、展着剤の代わりとして葉面散布剤を混用してもらっています。例えばOATアグリオの「サンピ833」（8―3―3＋微量要素）とかロイヤルインダストリーズの「元気一番」（27―12―8＋微量要素）とか。チッソ系の葉面散布剤は、農薬に混ぜると展着剤のように働くんですよ。

アミスターやストロビーには、こうした葉面散布剤も混ぜられません。そうとう要注意な農薬ですよ。

（談）

カンタスドライフロアブル 7 だけは気をつける

千葉県旭市・石井哲也

カンタスはミニトマトの灰かびや葉かび、菌核病に収穫前日まで使える剤なんですが、薬害が出やすいのでとにかく気をつけろと習いました。混ぜていいやつがホント少ないんですよ。単剤で使う場合も気をつけてます。1000～1500倍で希釈するんだけど、薬害が出やすい高温時は一番薄くして散布するし、夏場になったらもう使いません。　（談）

亜リン酸、クエン酸の混用で殺虫剤の効き目がアップする

長崎・松本真吾

長崎県の島原半島でキクを40aつくる専業農家です。

島原は火山灰土（黒ボク）なので土壌にアルミが多く、リン酸が効きにくい。葉面からリン酸を効かせるため、亜リン酸（商品名：アリン・サンデス2号）の液肥を1000倍にして葉面散布している。特に夏場の徒長や葉焼けに効果がある。ただ、農薬とは別に単用でまくと、散布回数が増えて大変だ。そこで亜リン酸と農薬を混用して使うのだが、混ぜてみるとさまざまな反応があった。

pHを下げると浸透性が増す!?

亜リン酸の混用は、殺虫剤の効き目をアップさせる。特に浸透移行性が売りのネオニコ系はより速効的に、シャープに効くようになる。亜リン酸で薬液のpHが下がったことで、植物体への浸透性が増したからではないかと考えている。その他、マクロライド系、スピノシン系、ジアミド系、メタフミゾン系など、浸透移行性のある殺虫剤を散布する時に亜リン酸を混ぜるが、ネオニコ同様に効きがよくなる。混用して使う殺虫剤の具体名は左ページの表の通りである。

クエン酸でも同様の効果あり

亜リン酸で殺虫剤の効きがよくなるのは、希釈水が酸性であることだと思い、ドラッグストアで安く売っているクエン酸を1000倍に希釈して使ってみた。すると、亜リン酸の時ほどではないが、ほぼ同等の効果を得られたので、こちらも併せて使っている。

殺菌剤は混用注意

ただし、亜リン酸を殺菌剤と混ぜるには注意が必要だ。例えば、アミスター、ラリーに混用して散布したとこ

（赤松富仁撮影）

亜リン酸、クエン酸と農薬を混用した時の効果

種類	薬剤	系統	混用の結果
殺虫剤	アドマイヤーフロアブル	ネオニコチノイド系 [4A]	速効性が増し、シャープに効くようになる。これらの殺虫剤で薬害が出たことはない
	ダントツ水溶剤		
	アルバリン顆粒水和剤		
	ベストガード水溶剤		
	アクタラ顆粒水和剤		
	モスピラン水溶剤		
	スピノエース顆粒水和剤	スピノシン系 [5]	
	ディアナSC		
	アファーム乳剤	アベルメクチン系 ミルベマイシン系 [6]	
	アニキ乳剤		
	アグリメック（乳剤）		
	アクセルフロアブル	セミカルバゾン系 [22B]	
	フェニックス顆粒水和剤	ジアミド系 [28]	
	アーデント水和剤	ピレスロイド系 [3A]	効き目は変わらない。これらの殺虫剤で薬害が出たことはない
	コロマイト水和剤	マクロライド [6]	
	コテツフロアブル	クロルフェナピル [13] ピロール	
	プレオフロアブル	不明	
殺菌剤	アミスター20フロアブル	QoI殺菌剤 [11]	葉に薬害が発生
	ラリー乳剤	DMI-殺菌剤 [3]	
	ダコニール（水和剤）	[M]	薬液がドロドロに変質
	ジマンダイセン水和剤		酸により有効成分が分解される
	エムダイファー水和剤		
	ポリオキシンAL水溶剤	ポリオキシン [19]	混用しても薬害は出ない
	アンビルフロアブル	[3]	

ろ、下葉がただれるという薬害が生じた。そもそもこの2剤は薬害が出やすいといわれるので、それ以降は混ぜないようにしている。

　また、ジマンダイセン、エムダイファーなどは、有効成分であるマンゼブやマンネブが酸により分解されてしまうので混用できない。ダコニールを亜リン酸と混用した時は、ドロドロになったので使わずに捨てた。このように、殺菌剤と亜リン酸の混用はなかなか難しいのである。

　ただしアンビルフロアブルとポリオキシンAL水溶剤は薬害が出なかったので、混ぜて使っている。

　そもそも菌は酸性に弱いので、亜リン酸をまくだけでも灰かびや白さび予防にはなっていると考えている。

　また、ホルモン剤（ビーナイン）に混ぜると効きすぎるので注意が必要だ。

（長崎県島原市）

ナシの抵抗性ハダニ

スミチオン乳剤混用で殺ダニ効果アップ

中田　健

鳥取県でも増えているナシのジョイント栽培

抵抗性ナミハダニが問題だ

ナシ栽培において、ハダニ類は防除が必須な重要害虫です。年間発生回数が多く、殺ダニ剤への薬剤抵抗性が問題となる事例が多いことなどから難防除害虫となっています。鳥取県ではクワオオハダニ、カンザワハダニ、ナミハダニが主要種ですが、特にナミハダニの発生圏において防除に苦慮する事例が増加しています。

抵抗性ハダニ類への対策は、古くから殺虫剤との混用による検討例があり、鳥取県では1990年代にカンザワハダニに対して、ダニトロンフロアブルとスミチオン乳剤を混用すると死亡率が上昇したという報告があります。そこで過去の検討例を参考に、ナミハダニへの効果が低下した殺ダニ剤に殺虫剤を混用することで死亡率が高くならないか確認しました。

ナミハダニに対する数種殺ダニ剤の効果（室内検定）

商品名	希釈倍率	雌成虫	0～1日齢卵
カネマイトフロアブル 20B	1500	×	×
コテツフロアブル 13	3000	×	×
コロマイト乳剤 6	1500	△	○
スターマイトフロアブル 25A	2000	△	○
ダニゲッターフロアブル 23	2000	—	○
ダニトロンフロアブル 21A	1500	×	×
マイトコーネフロアブル 20D	1500	○	○

○は補正死亡率が100～91%、△は90～51%、×は50%以下

図１　カネマイトフロアブル1500倍液に対するスミチオン乳剤加用の影響（室内検定）

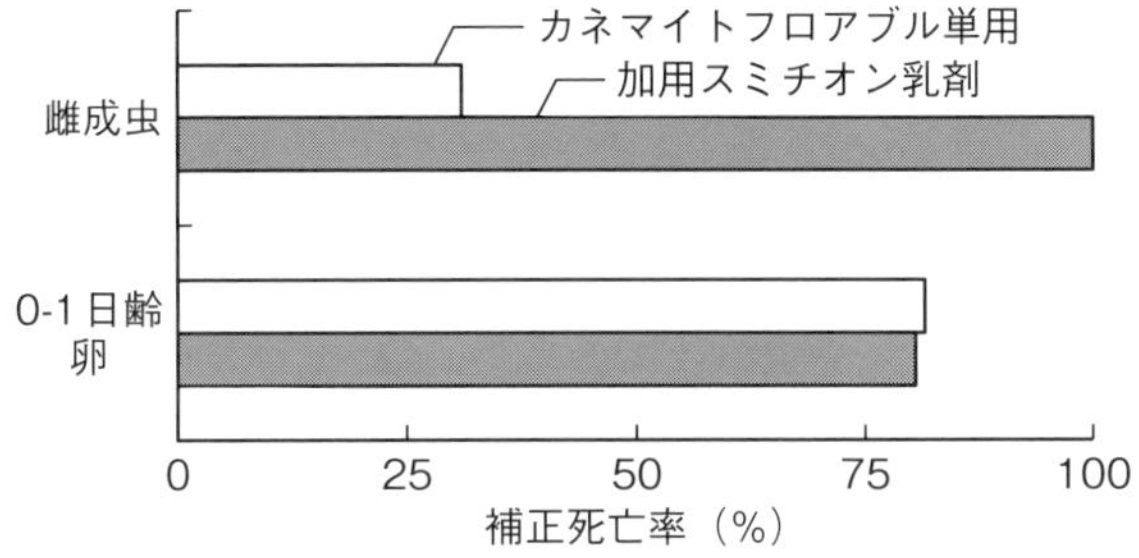

＊スミチオン乳剤の希釈倍率は1500倍液、本剤単用散布の補正死亡率は、雌成虫で0%、0-1日齢卵で1.0%

図２　ダニトロンフロアブル1500倍液に対するスミチオン乳剤加用の影響（室内検定）

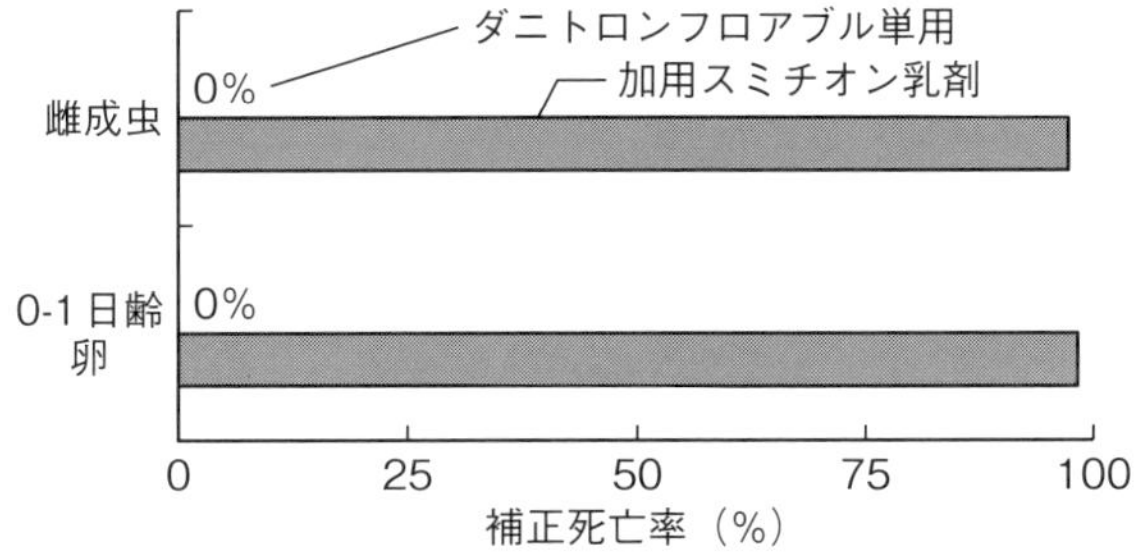

＊スミチオン乳剤の希釈倍率は1500倍液、本剤単用散布の補正死亡率は、雌成虫で0%、0-1日齢卵で0%

図３　スターマイトフロアブル6000倍液に対する各種殺虫剤加用の影響（雌成虫、室内検定）

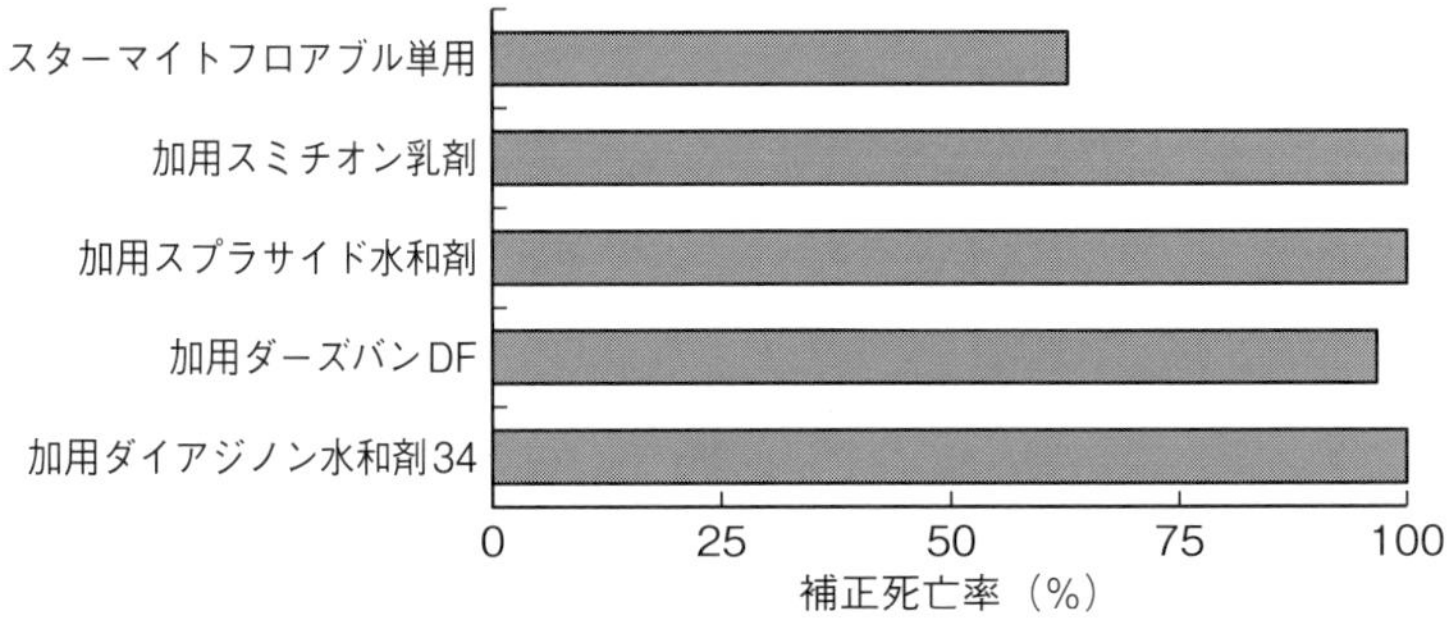

＊スターマイトフロアブルは常用濃度の3倍希釈で供試した。殺虫剤はスミチオン乳剤1500倍液（本剤単用散布の補正死亡率6.7%）、スプラサイド水和剤1500倍液（同0%）、ダーズバンDF4000倍液（同11.1%）、ダイアジノン水和剤34の1000倍液（同5.3%）

スミチオン乳剤の混用で、ナミハダニの死亡率がアップ

本試験では、多くの殺ダニ剤で死亡率が低いナミハダニ個体群を用いました（86ページ表）。効果の落ちた殺ダニ剤に12種類の殺虫剤を混用し、死亡率が高くなるか試験した結果、カネマイトフロアブル、ダニトロンフロアブル、スターマイトフロアブルの3剤は、混用する殺虫剤の種類によって、死亡率が大幅に高くなることがわかりました。また、3剤共通で死亡率が高くなった殺虫剤はスミチオン乳剤でした（図1〜3）。

ただし、散布直後の死亡率は高くなりますが、その効果の持続性は高くありません。

効果の高い殺ダニ剤を温存できる

この混用は、他害虫を同時防除する時に限られますが、例えば、効果の高い殺ダニ剤の連用がもったいない時や、ハダニ類の発生盛期を過ぎた9〜10月頃等の使用場面が考えられます。

なお、ある殺ダニ剤に対してハダニ類が抵抗性となる要因は複数あると考えられています。そのため、抵抗性の発達程度やその要因、ハダニ類の種類によって、ここで紹介した事例があてはまらないことも考えられます。まずは、実際に小規模で試してみてから、本事例が活用可能か判断してください。

また、ハダニ類に対する一番の対策は、増える前の防除です。同じ殺ダニ剤でも、散布が、増える前なのか増えすぎた後なのかで、見かけ上の効果の持続性は大きく異なります。防除に失敗した理由が抵抗性の問題だけなのかどうか、しっかりと点検をして、対処しましょう。

（鳥取県園芸試験場）

ワオ！
ダニ剤の効果がアップする
混用なんて、最高デスネ

ルーラル電子図書館でも混用事例を見ることができます

ルーラル電子図書館：登録農薬検索コーナー | カンタスドライフロアブルの混用表

電子図書館 > 登録農薬検索コーナー > カンタスドライフロアブル

登録農薬検索コーナー 2019年03月25日更新（2019年03月20日登録反映分）

農薬

カンタスドライフロアブル の混用事例

もどる

●：混用して問題なかった。
◎：使用直前の混用なら問題なかった。
○：混用で凝集するが、撹拌すれば散布に問題なかった。
△：物理性、効果低下などの点で問題がある。
▲：薬害の点で問題がある。
×：混用できない。

注意：この混用事例は、農文協で調べた事例を参考として紹介するもので、混用を薦めるものでも、結果を保証するものでもありません。生育段階や気象条件によっては薬害を生じる場合や、対象作物によって混用の成否が異なる場合があります。本事例を参照したことによって生じた、いかなる損害も農文協は責任は負いません。

農薬名	混用	混用農薬名	事例作物
カンタスドライフロアブル	×	サンクリスタル乳剤	きゅうり
	●		いちご、トマト、ピーマン、ミニトマト
	▲	アーデント水和剤	きゅうり
	●		いちご、トマト、なす、ピーマン、ぶどう、ぶどう（大粒種）、ミニトマト
	▲	アディオン乳剤	きゅうり
	◎		あずき、いちご、キャベツ、さやえんどう、だいず、たまねぎ、トマト、なす、ピーマン、ブロッコリー、みかん、ミニトマト、レタス

農薬の混用事例は、農文協が運営するデータベース「ルーラル電子図書館」でも見ることができる。

たとえば、83ページのカンタスドライフロアブルでは、「登録農薬情報」のコーナーの「農薬の名前から探す」で「カ」ボタンを押して一覧の中からカンタスドライフロアブルを選ぶと、適用表の横に「混用事例」ボタンがあり、ボタンを押すと現われるのが上の表だ。

それによれば、サンクリスタル乳剤はキュウリでは混用できなかった。アーデント水和剤はキュウリでは薬害の点で問題があるなど、事例を調べることができて大変便利だ。作物ごとの混用表も調べることができる。「ルーラル電子図書館」については74ページ参照。

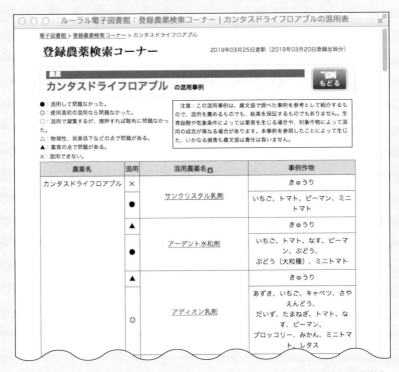

農薬の上手な混ぜ方

剤によって混ぜ方が違う

「農薬を水に溶かす」といっても、成分が本当に水に溶解するタイプ（水溶剤）と、成分が水中に均一に浮遊した状態にして使うタイプ（水和剤、フロアブル、ドライフロアブル、乳剤など）がある。前者は防除用タンクの水に直接入れてもいいが、後者は剤によって混ぜ方が異なる。

水和剤　まんべんなく水を吸わせる

水和剤は、水に溶けにくい有効成分に、鉱物質の増量剤と界面活性剤を加えて粉にしたもの。水に均一に混ぜるには、あらかじめクスリにまんべんなく水を吸わせるのがコツだ。

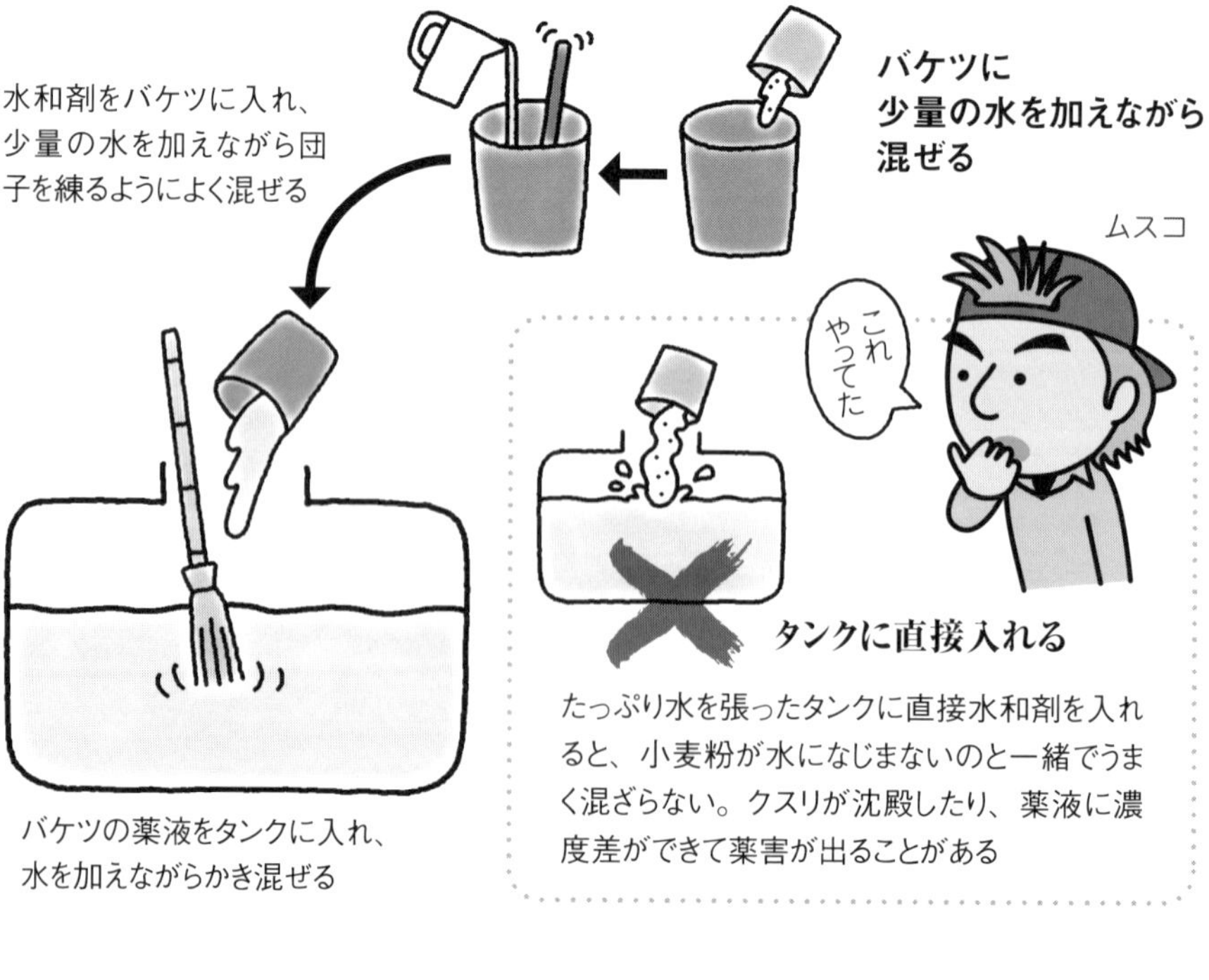

バケツに
少量の水を加えながら
混ぜる
水和剤をバケツに入れ、
少量の水を加えながら団
子を練るようによく混ぜる

バケツの薬液をタンクに入れ、
水を加えながらかき混ぜる
タンクに直接入れる
たっぷり水を張ったタンクに直接水和剤を入れると、小麦粉が水になじまないのと一緒でうまく混ざらない。クスリが沈殿したり、薬液に濃度差ができて薬害が出ることがある

フロアブル剤　容器の底のクスリをよく混ぜる

フロアブル剤は水によく混ざるように、水和剤よりも微粒化した成分を糊状の液中に分散させてある。水和剤と違ってバケツで溶く必要はないが、ボトルの底に成分が沈殿していることが多く、上の濃度の薄い部分だけを使うと効果が低下する。そこでタンクに入れる前に——。

逆さまにしてから振る

底にたまっているクスリを均一にするため、まず容器を逆さまにする。次に横に回しながら振る。最後に上下に振る

容器をそのまま振る

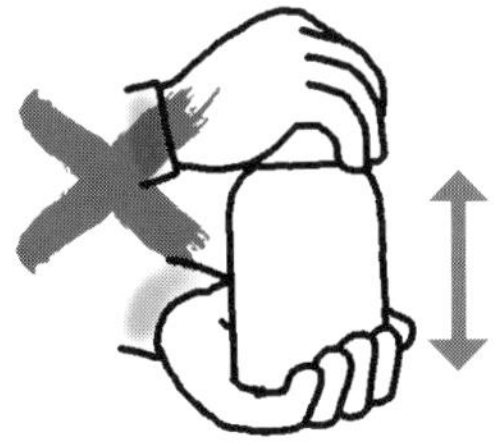

ドライフロアブル剤　バケツで混ぜてはダメ

そのまま防除用タンクの水に混ぜると均一に分散するようになっている。水和剤のようにバケツで少量の水に混ぜると固まってしまう。

タンクや大きな桶で混ぜる

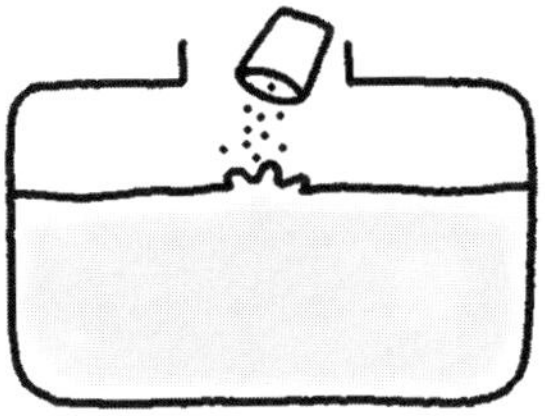

バケツで混ぜる

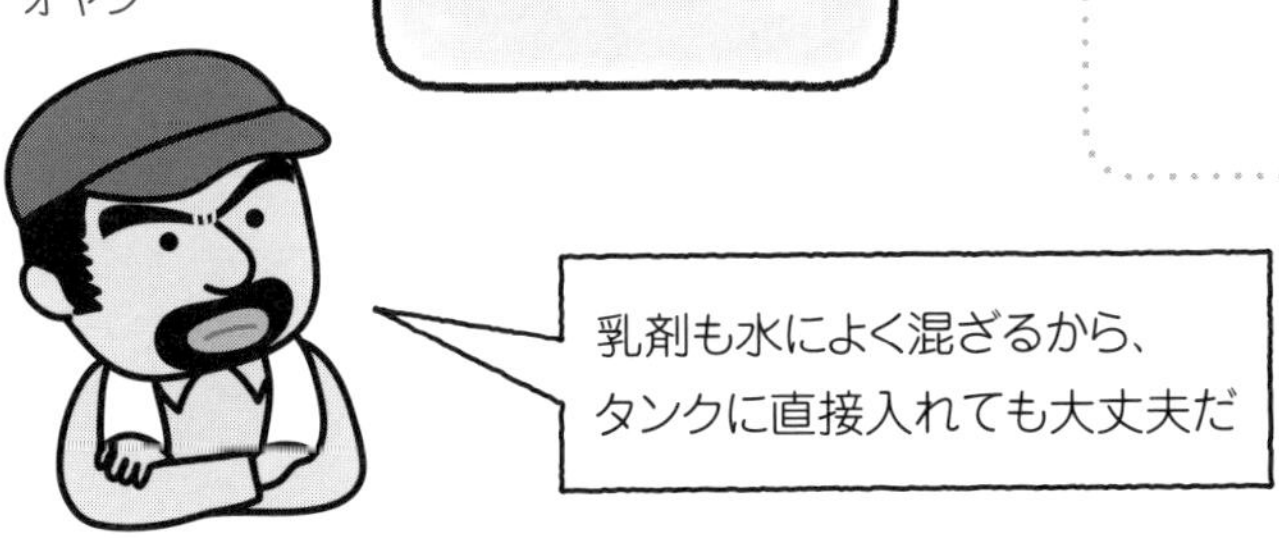
オヤジ
乳剤も水によく混ざるから、
タンクに直接入れても大丈夫だ

農薬どうしの混用の注意点

農薬は混用して使うことが多いが、佐賀県上場営農センターの田代暢哉さんによると、混用すると効果が落ちたり薬害が出たりすることがあるので注意が必要だという。

混用

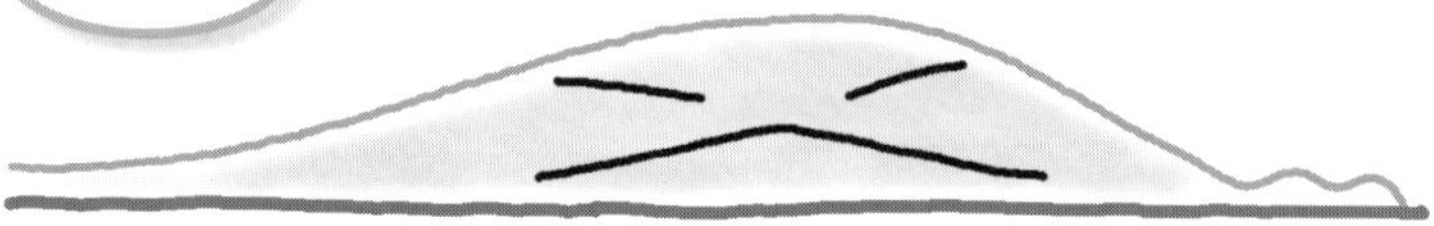

今の農薬には、付着をよくするための補助剤がいろいろ入っている。補助剤の量が増えると、薬液が広がりすぎて付着量が少なくなり、殺菌剤の効果は落ちる（殺虫剤の場合は、虫への接触の確率が上がる可能性はあるともいえる）。

単用

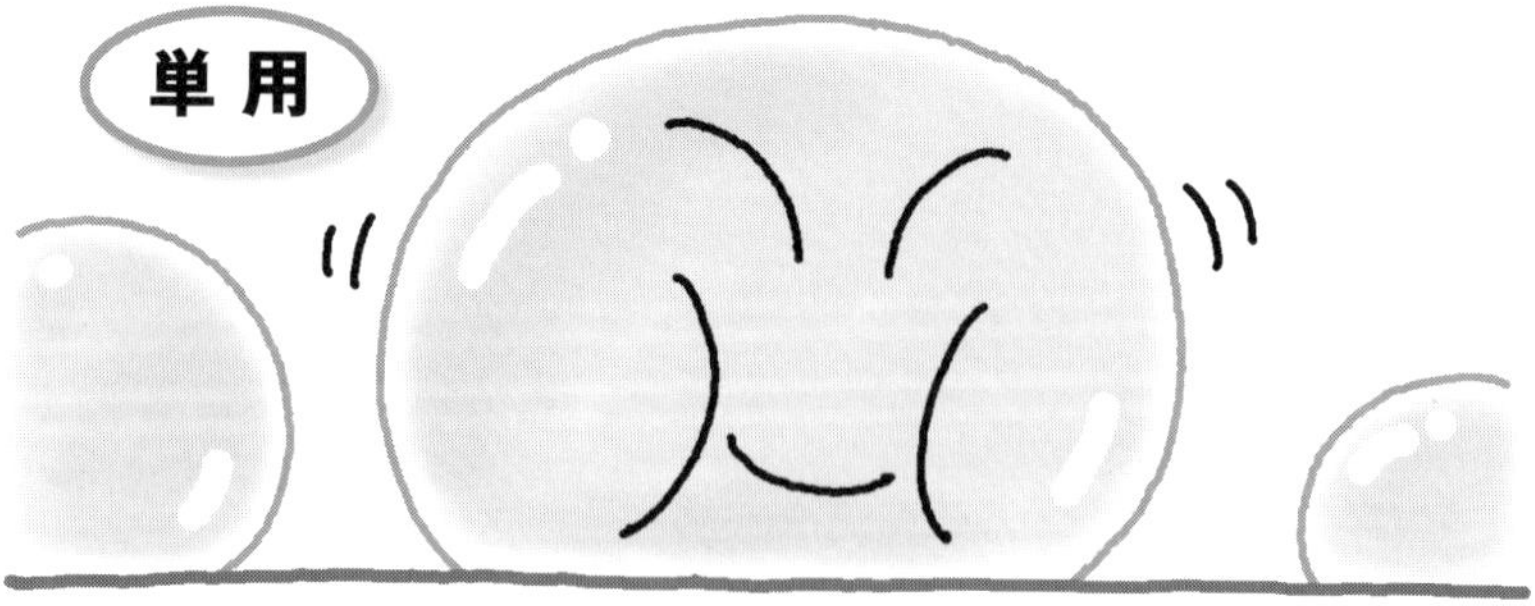

薬液の付着量が多くなる

混用すると補助剤の量や種類が多くなってワックスやクチクラが傷み、薬害が出ることがある。補助剤は、殺虫剤や殺ダニ剤に多く含まれている。剤型では乳剤に多い

殺菌剤に殺虫剤を混用するときの剤型別効果

殺菌剤	＋	殺虫剤	殺菌剤単用でかけたときと比べた効果
水和剤	＋	フロアブル剤	同等
フロアブル剤	＋	フロアブル剤	同等
水和剤	＋	乳剤	基本的に落ちるが、ほぼ同等の場合もある
フロアブル剤	＋	乳剤	基本的に落ちるが、ほぼ同等の場合もある
水和剤	＋	水和剤	明らかに落ちる

剤型の組み合わせによっては、混用しても殺菌剤の効果が落ちにくい場合がある

フロアブル剤の殺虫剤なら組み合わせても効果が落ちにくいんだな

混用する殺虫剤の剤型別に見ると――

フロアブル剤

補助剤の量が少ないので、表面張力があまり下がらない。したがってフロアブル剤の殺虫剤と混ぜても殺菌効果は落ちない。

乳　剤

表面張力を下げるので、殺菌剤の付着量が減り、基本的に殺菌効果が落ちる。

水和剤

表面張力を下げる補助剤が入っているうえ、乳剤よりも植物体にくっつく力が弱い。混用すると、殺菌剤がくっつきにくくなり効果が落ちる。

P
クエン酸

農薬を溶かす水にも注意が必要だ。農薬を混ぜる希釈水の pH をクエン酸で下げることを勧めている地域もある（pH については 80、84 ページ）。地域によって、例えば海に近いところは水の pH が高いことがある。また、地下水は浅ければpH6 程度だが、深くなるほど pHは上がり、pH9になることもあるそうだ

値段の話

Q 値段の高い農薬のほうがよく効く？

A そんなことはない。安い農薬も使い方しだい。

予防剤はコストパフォーマンスがいい

大阪府の草刈眞一先生は、値段の面でも「予防剤」を推す。価格が高い新剤でも、耐性菌や抵抗性害虫が発生していれば、「値段のわりに効かない」ということもある。その点、65ページで紹介した殺菌剤のジマンダイセンやダコニール、オーソサイド、ベルクート（いずれも[M]）などの予防剤は安く、多くの作用点に効くので耐性菌の発生もなく、効果が安定している。発病初期や予防散布で使えば効果も十分で、コストパフォーマンスに優れるのだ。

ジェネリック農薬も活用したい

「ジェネリック農薬」も活用したい（20ページ）。特許が切れた有効成分をもとに作るので、オリジナルよりも安い。ジェネリック医薬品の農薬版だといえばわかりやすいだろうか。

殺菌剤のペンコゼブはジマンダイセン（成分はともにマンゼブ[M]）、殺虫剤のジェイエースはオルトランのジェネリックだ（成分はアセフェート[1B]）。いずれもオリジナルとほぼ同等の効果を示し、価格は5～15％程度安いのでおトクだ。ジェネリックで特に安いのは除草剤で、オリジナルの半額程度で買える。有名なのは、ラウンドアップと同じグリホサートを有効成分とするジェネリック除草剤である。

世界的に見るとジェネリック農薬の利用はかなり

ラウンドアップマックスロード（左）と、
初代ラウンドアップのジェネリック除草剤

進んでいて、普及率は全体の25～30％に及んでいるといわれている。一方、日本は高額な登録費用が負担となって、現状はまだ5％くらいにとどまっている（65剤程度）。うち、ほとんどがホームセンターなどでもよく売れる除草剤で、殺菌剤と殺虫剤のジェネリック農薬はまだまだ少ない。しかし最近、登録費用を大幅に下げる動きもあり、今後は安い薬剤が増えていくと期待してよさそうだ。

編

A 殺虫剤のコルトは安くてよく効く。ジェネリック除草剤をパワーアップさせる方法もある。

㈱ウエルシード・小林国夫

コルト顆粒水和剤とベンレート水和剤

農薬の値段と効果は必ずしも比例しません。安くてよく効くおすすめの農薬としてパッと思い浮かぶのはコルト顆粒水和剤です。うちでは100g2000円以下で取り扱っています。

アブラムシやアザミウマ、コナジラミやカイガラムシなどによく効く殺虫剤で、特にトマトでは他の薬剤に抵抗性が発達したタバココナジラミのバイオタイプQにも効果があるため、重宝しています。

またカンキツ類やナシ、リンゴなど果樹のコナカイガラムシにもよく効きます。「ナシの葉にすす病がついた」と店舗に相談しにくる農家がよくいますが、すす病の原因は、コナカイガラムシの排泄物です。糖分を含んでいるので、そこでさまざまな病原菌が繁殖してしまうんです。すす病が原因で樹が枯れてしまうことはありませんが、光合成を邪魔されたり、果実について商品価値を下げたりするので、殺虫と殺菌の両方で叩きたい。そこでおすすめしているのがスカッシュ（機能性展着剤）とコルト顆粒水和剤とベンレート水和剤[1]の組み合わせ。いずれも安くて、カイガラムシとすす病にバッチリ効きます。野菜なら、ベンレートの代わりにトリフミン[3]を加えてもいいでしょう。

安い除草剤＋展着剤でパワーアップ

除草剤ではサンフーロンがおすすめです。これは初代ラウンドアップのジェネリック農薬で、単独では現在の3代目ラウンドアップマックスロードの効果には遠く及びません。

しかし、これに展着剤を混ぜると、めちゃめちゃパワーアップするんです。今は界面活性剤（浸透性展着剤）がどんどん進化しています。サンフーロンに混ぜるのは除草剤用のエーテル系（石油系）展着剤サプライなどがおすすめ。効果はマックスロードに少し劣りますが、一般的に使用する分には十分。なにより、展着剤を混ぜても価格は約半分ですから。（談）

まえより農薬は高くなった。これからもどんどん高くなる？

新剤は値上がり傾向だが、値下がりした農薬もある。

新剤は確かに値上がりしている

㈱ウエルシードの小林さんによると、それは特に新剤でいえることらしい。５００㎖で1万円以上する農薬も登場して、面食らう農家も多いという。

　農薬メーカーは有効成分（化学物質）を日々血眼になって探している。しかし、なにせ病害虫に効くだけでなく、人や環境に対してはなるべく優しくなければならない。そんな物質はそうそうあるはずもなく、一つの薬剤が世に出るには、10年以上、数十億円もの費用がかかるんだとか。最近は新たな有効成分を作るのがとくに難しくなっているのか、開発期間は長くなる傾向にある。その分、新剤の値段を高くしているというわけだ。

プレバソンは値下がりした

　一方で、値下がりした農薬もあるそうだ。代表的なのはプレバソン㉘で、登場時は５００㎖で８０００円くらいしたが、ウエルシードの店頭価格は最近５０００円台まで下がってきた。農薬が安い茨城県という土地柄もあるかもしれないが、流通量が増えて、卸売業者が値引き合戦を繰り広げた結果だという。

　古い農薬も値下がりこそしないものの、相変わらず安いので、小林さんは使いやすいものを農家にすすめている。

「農薬の値段は１００㎖（１００g）単価と希釈倍数（使用可能量）で考えろ」ということも農家にはよくいう。農薬はさまざまな容量で売られているので、まず１００㎖でいくらか考える。また、１０００倍で使う剤と２０００倍で使う剤とでは、同じ値段の農薬でも散布できる面積が倍違う。値札だけで判断せず、ラベルをきちんと見てほしいという。（編）

有機JASで使える農薬の話

Q 有機農業でも使える農薬がある?

A 有機ＪＡＳ規格で認められた農薬を、前もって申請しておけば使える。

「有機農産物」「オーガニック」などの表示ができるのは、有機ＪＡＳによる認定を受けた生産物に限られる。農薬の使用は原則禁止だが、農水省の「有機農産物の日本農林規格」（有機ＪＡＳ規格）では、やむを得ない場合に使用できる農薬の種類が「別表2」として一覧されている。

ただし、この表にあるものなら何でも使えるというわけではなく、有機ＪＡＳの申請時に使用する可能性のある資材を記入しておかなければならない（変更可）。「別表2」にあっても、申請したもの以外は使うことができないのだ。

この表には農薬の種類名だけが載っていて、具体的にどんな商品が使えるのかは示されていない。農家はネット情報などを頼りに、いちいち農薬メーカーに確認する必要がある。そこで、次ページに「別表2」をもとにして、編集部で調べた資材を一覧にしてみた。

表を見ると、ボルドーなどの古くから使われてきた薬剤のほか、スピノエース（スピノシン系5）など、けっこうよく効く殺虫剤も含まれている。使う場合はもちろん、農薬取締法にのっとって適用作物や使用回数を守らなければならない。また、有機農業での農薬使用はあくまで「やむを得ない場合」のみで、耕種的防除や物理的防除、生物的防除をうまく組み合わせて無農薬で栽培するのが基本だ。編

有機JASで使える農薬一覧

農薬	基準	商品名
除虫菊乳剤及びピレトリン乳剤	除虫菊から抽出したものであって、共力剤としてピペロニルブトキサイドを含まないものに限ること	ガーデントップ、除虫菊乳剤3、パイベニカVスプレー
なたね油乳剤		ハッパ乳剤
調合油乳剤		サフオイル乳剤
マシン油エアゾル		ボルン
マシン油乳剤		マシン油乳剤95、エアータック乳剤、キング95マシン、アタックオイル、機械油乳剤95、高度マシン95、トモノール、ハーベストオイル、スピンドロン乳剤、ラビサンスプレー、特製スケルシン95、スプレーオイル
デンプン水和剤		粘着くん水和剤
脂肪酸グリセリド乳剤		アーリーセーフ、ガーデンアシストパームスプレー、サンクリスタル乳剤
メタアルデヒド粒剤	捕虫器に使用する場合に限ること	マイマイペレット、ジャンボたにしくん、ジャンボタニシ退治粒剤、スクミノン、スネック粒剤、ナメキール、ナメキット、ナメクリーン、ナメトックス、ナメナイト、メタレックスRG粒剤、メタペレット3
硫黄くん煙剤		硫黄粒剤
硫黄粉剤		硫黄粉剤50、硫黄粉剤80
硫黄・銅水和剤		イデクリーン水和剤、園芸ボルドー
水和硫黄剤		イオウフロアブル、クムラス、コロナフロアブル、サルファーゾル
石灰硫黄合剤		石灰硫黄合剤
シイタケ菌糸体抽出物液剤		レンテミン液剤
炭酸水素ナトリウム水溶剤及び重曹		ハーモメイト水溶剤
炭酸水素ナトリウム・銅水和剤		ジーファイン水和剤

農水省が「有機農産物の日本農林規格」別表2で掲げているのは、あくまで農薬の種類名と、その基準のみ

有機ＪＡＳで使える農薬一覧

農　　薬	基　　準	商　品　名
銅水和剤		ICボルドー、KBW、コサイド3000、コサイドDF、コサイドボルドー、Zボルドー、キュプロフィックス40、クプラビットホルテ、クプロザートフロアブル、クプロシールド、グリーンドクターⅡ、サンボルドー、ドイツボルドーA、ドイツボルドーDF、ビティグラン水和剤、フジドーLフロアブル、フジドーフロアブル、ベニドーDF、ベニドー水和剤、クプロシールド、キュプロフィックス40、ボルドー、ポテガードDF、ムッシュボルドーDF
銅粉剤		Zボルドー粉剤DL、撒粉ボルドー粉剤DL
硫酸銅	ボルドー剤調製用に使用する場合に限ること	硫酸銅、粉状丹礬
生石灰	同上	ボルドー液用生石灰、ボルドー液用粉末生石灰
クロレラ抽出物液剤		グリーンエージ
混合生薬抽出物液剤		アルムグリーン
ワックス水和剤		農薬としての販売なし
展着剤	カゼイン又はパラフィンを有効成分とするものに限ること	アグロガード、アビオン-E、ステッケル、ペタンV
二酸化炭素くん蒸剤	保管施設で使用する場合に限ること	炭酸ガス、くん蒸用炭酸ガス、エキカ炭酸ガス

農薬の種類名だけでなくて
商品名までわかるので
便利デスネ

農　　薬	基　　準	商　品　名
ケイソウ土粉剤	保管施設で使用する場合に限ること	コクゾール
食酢		農薬としての販売なし
燐酸第二鉄粒剤		ナメクジ退治、スラゴ、フェラモール、スクミンベイト3、スクミンブルー、ナメクジキラーFエース、ナメトール
炭酸水素カリウム水溶剤		カリグリーン
炭酸カルシウム水和剤	銅水和剤の薬害防止に使用する場合に限ること	アプロン、クレフノン、クレント、ホワイトコート
ミルベメクチン乳剤		コロマイト乳剤、マツガード、ミルベノック乳剤
ミルベメクチン水和剤		コロマイト水和剤、ダニダウン水和剤
スピノサド水和剤		カリブスター、サービスエース顆粒水和剤 、スピノエースフロアブル、スピノエースベイト、スピノエース顆粒水和剤、ノーカウント顆粒水和剤
スピノサド粒剤		スピノエース箱粒剤、ゼロカウント粒剤
還元澱粉糖化物液剤		あめんこ、エコピタ液剤、キモンブロック液剤、ベニカマイルドスプレー、ベニカマイルド液剤

＊「性フェロモン剤」「天敵等生物農薬」「天敵等生物農薬・銅水和剤」も認められているが、ここでは省略

無農薬の田んぼ
(依田賢吾撮影)

農薬の捨て方の話

Q タンクの底に残った農薬の処理はどうすればいい？

A 迷惑にならない非耕作地なら廃棄できる。

迷惑をかけない捨て場所を決めておく

農薬は用水路や河川など水系に影響するところに廃棄してはいけない決まりになっている。原液はもちろん、500倍や1000倍に薄めた希釈液も、タンクを洗う時に出る洗浄液も河川などに流すのはダメ。

そもそも希釈液は規定の分量を作って余りを出さない、というのが大前提。でも散布した後、どうしてもタンクの底にはうっすら残ってしまう。こうしたわずかな残液は、散布の少ないところに追加散布するのがベスト。でもそんな手間がないという場合は、農産物や環境に影響のない非耕作地になら廃棄することができる。土に流すと自然に分解されるのだ。

残液はまいても影響のない畦畔に散布して、害虫よけにする手もあるが、タンクや散布機を洗浄した洗浄液は、薄まっているぶん効力が低いので、防除用にはまかないほうがよさそうだ。病原菌や害虫に抵抗性をつけてしまうおそれもある（22ページ）。

福島県福島市の果樹農家で、GAPを取得している佐藤ゆきえさんも、残液や洗浄液は1カ所に決めて処分している。

「畑とか生活用水路や河川から距離があるところで、自分の所有地――つまり絶対迷惑をかけない場所を探して捨てています」

佐藤ゆきえさん

タンクを洗った水、どこに捨てようカナー？

容器はゆすいで分別

農薬の容器も、原則、家庭ゴミとしては出せない。もちろん野外での焼却やポイ捨てもダメ。中身を使い切り、水でゆすいできれいにしてから、廃棄物業者などへ出す。

細かくいえば、袋、瓶・缶、揮発性、エアゾールなど、容器の形状や中身によって捨て方が違う。詳しくは農水省や農薬工業会のサイトで確認できる。編

Q 買って使わなかった農薬はどうすればいい？

A 使う分だけを買って、古いものから使う。

農薬のラベルには有効期限が書いてある。だから有効期限内に使い切る分を購入して、ムダなく使いたい。でも何年も使っていない農薬があったり、作物が変わって使えなくなったりしてやむを得ず廃棄

する場合は、産業廃棄物処理業者に委託したり、市町村やＪＡ、地域共同の回収システムで処分できる。が、たいてい有料なので避けたいところだ。

以前は使えた農薬でも、環境保全のために基準が変わって使えなくなることもある。

富山県高岡市の稲作農家、地崎啓さんは昔、購入した殺虫剤が使用禁止になってＪＡに回収してもらったことがあるという。

「殺虫剤は、虫があまり出ない年が続くと、その分使わないから持ち越す。そのうちに使えなくなって残ってしまって……。粉剤30kgで処分料は2万円くらいかかったかな。そんなこともあるから、なるべく必要最低限、毎年使う分だけを計画的に買って、古いものから使うようにしています」

まとめ買いすると安いから、と業者から大量購入しても置き場所は取るし、捨てなきゃいけない時に処分料がバカにならないので本末転倒だ。

編

佐藤ゆきえさんの倉庫の、農薬の容器を捨てるゴミ箱。袋やボトルなどを分別して、業者に回収してもらう

Q 有効期限が切れた農薬は使えない？

A 使っても、罰則はない。でも「推奨はできない」。

農水省に尋ねたところ、「有効期限を過ぎた農薬でも、販売や使用することについての罰則はありません。ただし推奨はできません」とのこと。理由は、期限が過ぎると農薬の効果が落ちてしまうし、メーカーも期限内に使うことを前提にテストして製造しているので、やっぱり避けてほしいそうだ。

ここでも、計画的な買い物が大事なようだ。

容器の入れ替えは危険　保管庫には鍵を

また、ボトルに少し余ったからといって、他の容器に移し替えるのは厳禁。誤用・誤飲の危険が増すからだ。実際、散布前の水和剤をペットボトルで溶いてポンと置いといたら、子どもが間違って飲んでしまった事故もある。

農薬は普段から鍵のかかる保管庫や倉庫に入れて、子どもはもちろん、誰でも手が届くような場所には置かないようにしたい。置き場所を決めておけば探し回ることがないし、紛失した時も気付きやすい。ムダに買い過ぎることもなくなる。

先の佐藤さんの場合は、農薬の保管のために鍵がかかる部屋を倉庫内に建てた。鍵は責任者が保管し、ゆきえさんといえど、勝手には入れないそうだ。地崎啓さんの場合は、近所の空き家を購入し、農業用の器具や農薬の小屋として活用。「もともと家なので鍵があるし、日が当たらないので、農薬も変質しないから安心です」

使わなくなったトラックの荷台部分を入手したり、古い戸棚を使っている人もいる。保管庫には身近なものもいろいろ活用できそうだ。

編

農薬希釈量早見表

【加える水の量を知りたいとき】

例：100g（cc）の袋1袋（ビン）で1,000倍液をつくるとすると→水100ℓ（ドラム缶半分）

うすめる倍率	100g袋のとき	250g袋のとき	500g袋のとき
100	10ℓ（0.6斗）	25ℓ（1.4斗）	50ℓ（2.8斗）
200	20（1.1）	50（2.8）	100（5.5）
300	30（1.7）	75（4.2）	150（8.3）
500	50（2.8）	125（6.9）	250（13.9）
800	80（4.4）	200（11.1）	400（22.2）
1,000	**100（5.5）**	**250（13.9）**	**500（27.7）**
1,200	120（6.7）	300（16.6）	600（33.3）
1,500	150（8.3）	375（20.8）	750（41.6）
2,000	**200（11.1）**	**500（27.7）**	**1,000（55.4）**
3,000	300（16.6）	750（41.6）	1,500（83.2）

【薬の量を知りたいとき】

例：1斗缶（水18ℓ）で1,000倍液を作るとすると→薬18g（100g袋の5分の1弱）

うすめる倍率	ドラム缶（200ℓ）	1斗缶（18ℓ）	バケツ（10ℓ）
	g(cc)	g(cc)	g(cc)
100	2,000	180	100
200	1,000	90	50
300	660	60	33
500	400	36	20
800	250	23	13
1,000	**200**	**18**	**10**
1,200	170	15	8
1,500	130	12	7
2,000	**100**	**9**	**5**
3,000	60	6	3

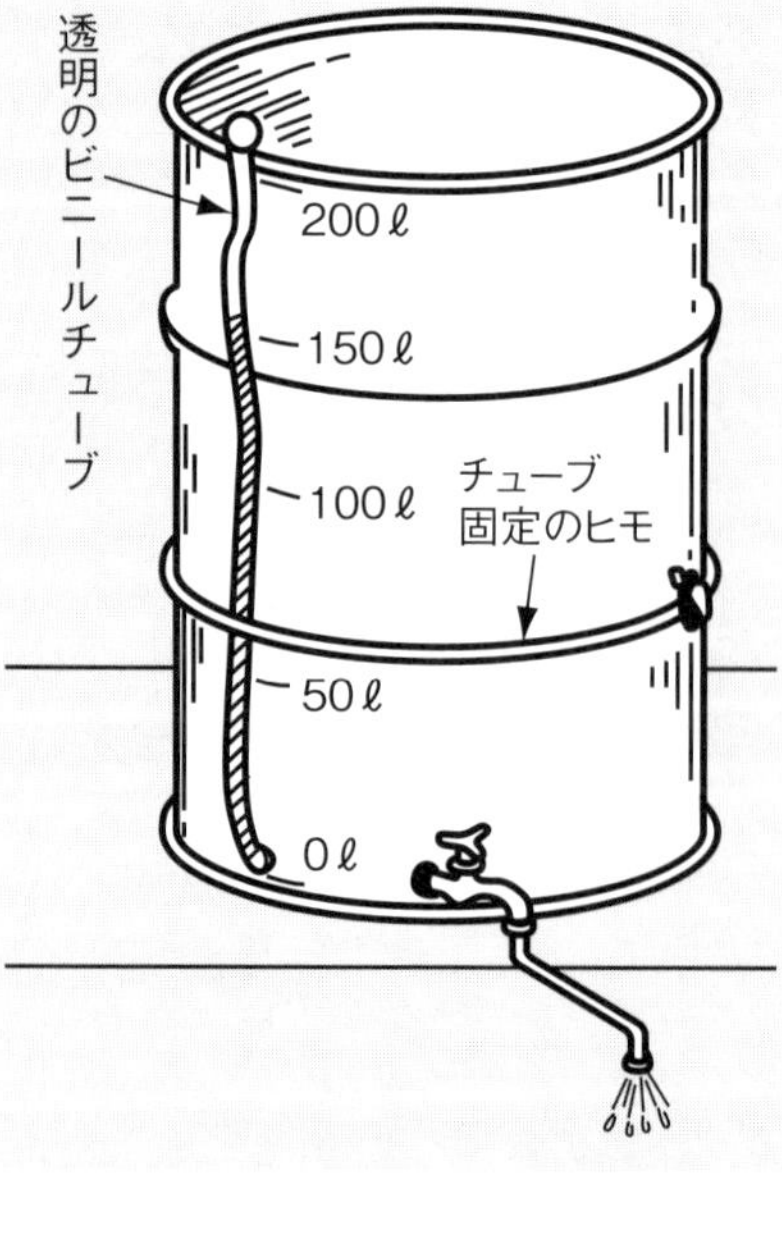

ドラム缶も左のように工夫改造すると、非常に便利。200ℓ（11斗）入るドラム缶であるが、液量が外からひと目でわかるため、中途半端な量でもすぐに計算できるのが強み。

①ドラム缶の一番下にL字型の口を溶接する。
②そこへ透明なビニールチューブをつなぎ、一番上までひっぱって固定する。
③ドラム缶の一番下に、水道の蛇口を溶接する。
④ドラム缶1本200ℓだから、4等分した位置をチューブの横に印をつけ、下から、50ℓ、100ℓ、150ℓ、200ℓと書きこむ。

第3章

多品目栽培の農薬選び

まずは、「野菜類」に適用のある銅剤・BT剤・デンプン液剤で

高梨雅人

筆者（右）と父親の信一

農薬なんかやめたくなるときもあるけど

多品目少量栽培の直売農家の場合、防除はやっかいなものです。登録農薬の適用外使用ができないのはもちろん、ポジティブリスト制度によって自分の畑はもとよりご近所の畑へのドリフト対策も考えないといけなくなりました。

私も1町5反の畑で約150品種の野菜をつくる直売農家で、農薬問題にはいつも悩まされます。いっそのこと「農薬散布なんかやめてやる！」と思ってしまうこともありますが、私たちの生産物の安全性全体を考えたとき、いちばんリスクが高いのは今も昔も微生物による食中毒や感染症です。農薬は正しく用いればリスクははるかに小さいものです。無農薬の栽培と慣行の栽培による生産物の違いは些末なことだと思います。

平成の世の農業者はIPM（総合防除）の手法にのっとり、農薬だけに頼らないさまざまな手段を使って病害虫や雑草からの被害を抑えなくてはなりません。その上での農薬使用となりますが、ここで冒頭の登録農薬とドリフト問題がでてきます。

「野菜類」の適用農薬なら畑全体に使える

具体的には、同じアブラナ科野菜でも経済的な重要度（たぶん作付面積など生産量の違いでしょうか）によって登録農薬の種類がだいぶ違います。たとえば、キャベツ・ブロッコリー・カ

高梨農場の混植畑。アブラナ科野菜を約10種類栽培（品種はもっと多い）

私が直売野菜の畑全体に使う農薬3種

リフラワー・ケールという順に使える農薬の種類が減ってきます。

うちの畑には1枚の畑に今述べた野菜がすべて植わっていることがしばしばあります。そうすると、いったいどの野菜を中心に防除計画を立てればいいかわからなくなってしまいます。

その対策の一つとして私は、「野菜類」に適用のある比較的古典的で抵抗性がつきにくく汎用性のある農薬で、とりあえず畑全体の予防と初発時の防除を行ないます。具体的には殺菌剤は銅剤、殺虫剤は生物農薬のBT剤、デンプン液剤を使います。

すべての畑に定期的に使うわけではありません。必要な時期・場所のみに限ります。雨の少ない時期なら殺菌剤は使わないときもあります。

デンプン液剤もアブラムシが出はじめたころをねらって使います。ただ、使った人ならわかると思いますが、デンプン液剤はそう劇的に効くものでもありません。1回使ってそれでも増えるようなら、化学合成農薬をドリフトに気

高梨農場の直売所。自宅近くにあり、通年で営業

ブロッコリー類も白、緑、パープル、ロマネスコなど多品種そろえる

をつけながらピンポイント散布します。

ドリフト対策に
ソルゴー障壁もいいぞ

ドリフト対策として、風の弱い日や時間帯（私は夕方が多いです）を選んで農薬散布することは当たり前。私はそれに加えて、畑の縁にぐるっとソルゴーを植えることもあります。ソルゴー障壁のなかは幾分風も弱くなるし、別の野菜を植えている隣の畑へのドリフト対策にもなります。

今年はドリフト軽減ノズルも導入予定です。最近のドリフト軽減ノズルは従来品よりも効果が高いことが確かめられているので、期待しています。

困るのは農薬の適用範囲が
狭い菌核病

対策が難しい病気の一つが、野菜全般に広く発生する菌核病です。

先ほど紹介した銅剤は、菌核病には効きません。登録農薬はありますが、適用野菜が少ないので畑全般にかけることができないのがやっかいです。

今のところ、適用農薬のあるキャベツには農薬を使用し、そのほかの作物（ブロッコリーやカリフラワー、ケールなど）は早めに罹病株を取り除く地道な作業をしています。なるべく耐病性品種を選ぶようにもしています。また、水田の裏作畑では菌核が発病しにくいようです。

多品目少量栽培の畑。こんな畑には「野菜類」に適用のある農薬が使いやすい

「野菜類」に登録のある農薬一覧

マイナー作物にも

畑に多品目が植わっている場合は、「野菜類」に登録のある農薬が畑全体に使えて便利だ。下表に「野菜類」に登録のある農薬をまとめた。近年人気が高まっているイタリア野菜などのマイナー作物では使える農薬が少ないため、「野菜類」に登録がある農薬の使用が欠かせない。

例えば、イタリア野菜のフェンネルでは生育初期にアザミウマに子葉を吸汁されるとその後の生育が極端に悪くなるそうだが、播種や移植と同時に「パイレーツ粒剤」を播けばいいという。表をみると、この粒剤はアザミウマに糸状菌が寄生することで死滅させる昆虫病原性糸状菌の仲間だということがわかる。

対象病害虫																								
アブラムシ類	ワタアブラムシ	ハダニ類	チャノホコリダニ	コナジラミ類	アザミウマ類	コナガ	アオムシ	オオタバコガ	ハスモンヨトウ	ヨトウムシ	シロイチモジヨトウ	ハイマダラノメイガ	ウリノメイガ	タマナギンウワバ	うどんこ病	褐斑細菌病	黒腐病	黒斑細菌病	軟腐病	斑点細菌病	べと病	さび病	灰色かび病	白さび病
○		○		○											○									
○		○		○											○									
○		○		○											○									
○		○		○											○									
○		○		○											○									
○		○		○											○									
○		○		○											○									
○		○		○											○									
○		○													○									
○		○													○									
○		○		○											○									
○		○													○									
○		○													○									
○		○		○											○									
○		○		○											○									
○				○																				
○															○									
		○													○									
		○	○	○																				
		○													○									
		○													○									
		○																						
○				○											○									
	○			○																				
○		○		○	○	○																		

気門封鎖剤にも新しいしくみ

「野菜類」に登録がある農薬にも新しいタイプが登場している。

例えば、「粘着くん液剤」で知られる気門封鎖剤。『現代農業』では通称ペタペタ農薬と呼んでいるように、デンプンや還元澱粉糖化物などの成分によって呼吸器を閉塞させてハダニなどを死滅させる。ところが、調合油などを成分とする「サフオイル乳剤」はハダニの殺卵効果もあるとされ、そのしくみはハダニが卵から出てくるときの回転運動を阻害することであるという。同様のことはマシン油でも認められているという。オイル系を有効成分とする気門封鎖剤は注目か。

殺菌剤には、作物の表面に微生物を繁殖させることで病原菌を抑える拮抗微生物剤が以前からあったが、ここへ銅成分を加えた農薬も現われた。「クリーンカップ」「ケミヘル」だ。108ページの高梨雅人さんは「新しい葉が展開するたびに散布すると、病気の蔓延を防止できるように感じています」とのこと。編

分類		農薬名	有効成分	RACコード（IRAC/FRAC）
殺虫剤	気門封鎖剤（通称ペタペタ農薬）	粘着くん液剤	デンプン	未
		あめんこ	還元澱粉糖化物	未
		ベニカマイルドスプレー	還元澱粉糖化物	未
		ベニカマイルド液剤	還元澱粉糖化物	未
		エコピタ液剤	還元澱粉糖化物	未
		キモンブロック液剤	還元澱粉糖化物	未
		アーリーセーフ	脂肪酸グリセリド	その他
		サンクリスタル乳剤	脂肪酸グリセリド	その他
		アーリーセーフスプレー	脂肪酸グリセリド	その他
		ガーデンアシストパームスプレー	脂肪酸グリセリド	その他
		ロハピ	カプリン酸グリセリル	その他
		カダンセーフ	ソルビタン脂肪酸エステル	その他
		カダンセーフ原液	ソルビタン脂肪酸エステル	その他
		ムシラップ	ソルビタン脂肪酸エステル	その他
		フーモン	ポリグリセリン脂肪酸エステル	未
		オレート液剤	オレイン酸ナトリウム	未
		ソープガード	オレイン酸ナトリウム	未
		アカリタッチ乳剤	プロピレングリコールモノ脂肪酸エステル	未
		サフオイル乳剤	調合油	未
	硫黄	クムラス	硫黄	不明／M
		硫黄粉剤50	硫黄	不明／M
		硫黄粉剤80	硫黄	不明／M
	昆虫病原性糸状菌	ゴッツA	ペキロマイセス テヌイペス	未
		プリファード水和剤	ペキロマイセス フモソロセウス	未
		ボタニガードES	ボーベリア バシアーナ	未

対象病害虫																								
アブラムシ類	ワタアブラムシ	ハダニ類	チャノホコリダニ	コナジラミ類	アザミウマ類	コナガ	アオムシ	オオタバコガ	ハスモンヨトウ	ヨトウムシ	シロイチモジヨトウ	ハイマダラノメイガ	ウリノメイガ	タマナギンウワバ	うどんこ病	褐斑細菌病	黒腐病	黒斑細菌病	軟腐病	斑点細菌病	べと病	さび病	灰色かび病	白さび病
○				○	○																			
					○																			
				○																				
						○	○	○																
						○	○			○														
						○	○	○	○	○														
						○	○	○		○														
						○	○	○	○	○														
						○	○	○	○	○														
						○	○	○	○	○														
						○	○	○																
						○	○	○	○	○	○													
						○	○	○																
						○	○	○		○		○	○											
						○	○	○	○		○		○											
						○	○		○	○				○										
						○	○							○										
																○	○	○	○	○	○			
																○	○		○	○				
																○	○		○					
																○	○		○	○				
																			○					
																			○	○	○			
																			○	○	○			
																			○		○			
																			○		○			
															○							○	○	
															○							○	○	
															○							○	○	
															○				○					○
																			○					
																			○					
																			○					
																			○					
															○								○	
															○								○	
																							○	
															○								○	
															○								○	
															○								○	
																							○	
															○								○	
															○								○	
															○								○	

分類		農薬名	有効成分	RACコード(IRAC/FRAC)
殺虫剤	昆虫病原性糸状菌	ボタニガード水和剤	ボーベリア バシアーナ	未
		パイレーツ粒剤	メタリジウム アニソプリエ	未
		マイコタール	バーティシリウム レカニ	未
	昆虫病原性細菌	トアローフロアブルCT	BT（バチルス　チューリンゲンシス）	11A
		トアロー水和剤CT	BT	11A
		エコマスターBT	BT	11A
		エスマルクDF	BT	11A
		クオークフロアブル	BT	11A
		サブリナフロアブル	BT	11A
		フローバックDF	BT	11A
		ジャックポット顆粒水和剤	BT	11A
		ゼンターリ顆粒水和剤	BT	11A
		チューレックス顆粒水和剤	BT	11A
		チューンアップ顆粒水和剤	BT	11A
		デルフィン顆粒水和剤	BT	11A
		バシレックス水和剤	BT	11A
		家庭園芸用バシレックス水和剤	BT	11A
殺菌剤	銅剤	Zボルドー	銅	M
		コサイド3000	銅	M
		コサイドDF	銅	M
		コサイドボルドー	銅	M
		ICボルドー 66D	銅	M
		クプロザートフロアブル	銅	M
		クプロシールド	銅	M
		ドイツボルドー A	銅	M
		ボルドー	銅	M
	炭酸水素塩剤	カリグリーン	炭酸水素カリウム	未
		家庭園芸用カリグリーン	炭酸水素カリウム	未
		ハーモメイト水溶剤	炭酸水素ナトリウム（重曹）	未
		ジーファイン水和剤	炭酸水素ナトリウム（重曹）、銅	未＋M
	非病原性微生物剤	エコメイト	非病原性エルビニアカロトボーラ	未
		バイオキーパー水和剤	非病原性エルビニアカロトボーラ	未
	拮抗微生物剤	マスタピース水和剤	シュードモナスロデシア	未
		ラクトガード水和剤	ラクトバチルスプランタラム	未
		インプレッションクリア	バチルスアミロリクエファシエンス	未
		インプレッション水和剤	バチルスズブリチス	44
		エコショット	バチルスズブリチス	未
		セレナーデ水和剤	バチルスズブリチス	44
		バイオワーク水和剤	バチルスズブリチス	未
		バチスター水和剤	バチルスズブリチス	未
		ボトピカ水和剤	バチルスズブリチス	未
		ボトキラー	バチルスズブリチス	未
		クリーンカップ	バチルスズブチリス、銅	未＋M
		ケミヘル	バチルスズブチリス、銅	未＋M

予防万能殺菌剤・銅剤を使いこなす

草刈眞一

「ボルドー液」調製の手間を省いたのが各種銅剤

殺菌剤としての銅剤は、1885年にフランス・ボルドー大学で開発された「ボルドー液」に由来する。ボルドー液は硫酸銅を主体とした銅剤で、その後、硫酸銅と生石灰の混合比率が確立され、病害防除に広く用いられるようになった。

ボルドー液を調製する際は、まず生石灰を水に溶かし石灰乳をつくり、これを希釈した液中に、硫酸銅の溶液を入れて攪拌する。ボルドー液は、植物表面に固着し、表面を覆って病原菌の侵入を防ぐが、石灰乳の調製方法、硫酸銅との混合順序を間違うとまったく効果がない。効果の高いボルドー液の調製は篤農技術といえる。

そこで、このボルドー液の効果をある程度誰でも利用できるようにしたのが各種の銅剤（銅水和剤）である。効果は、本物のボルドー液より落ちる（固着性が低くなる）が、水に溶かすだけで薬液ができあがり、一定の効果が得られる。

現在では様々な銅剤が市販されている。塩基性塩化銅を主成分とするのは、クプラビットホルテ、ドイツボルドーA、ベニドー、ドウジェットなど。塩基性硫酸銅を主成分とするのはICボルドー66D、ICボルドー48Q、Zボルドー。また、塩基性水酸化銅を主成分とするコサイドSD、コサイドボルドーなども開発されている。

銅イオンで殺菌、pHで溶出を調整

銅剤は、植物表面に固着した成分が、雨や露、植物の分泌物によって徐々に溶け出して殺菌力を示すとされる。直接的な殺菌力は銀や水銀剤より劣るが、植物体上で溶出する銅イオンが殺菌効果を発揮するのである。植物に固着して残っている限り持続的な殺菌力を示し、そのため「保護殺菌剤・植物保健薬剤」とも呼ばれる。

銅成分の濃度を高めれば、溶出する銅イオンも増えるので効果の高まりが期待できるが、その代わり銅剤特有の薬害発生の危険性が高まる。そこで銅水和剤を使うときには、クレフノン

ボルドー液の調製方法（4-4式、10ℓの場合）

※ボルドー液は、1ℓ中に含まれる硫酸銅と生石灰の割合から「4-2式」（硫酸銅4gと石灰2g）、「4-4式」といった名称で呼ばれる

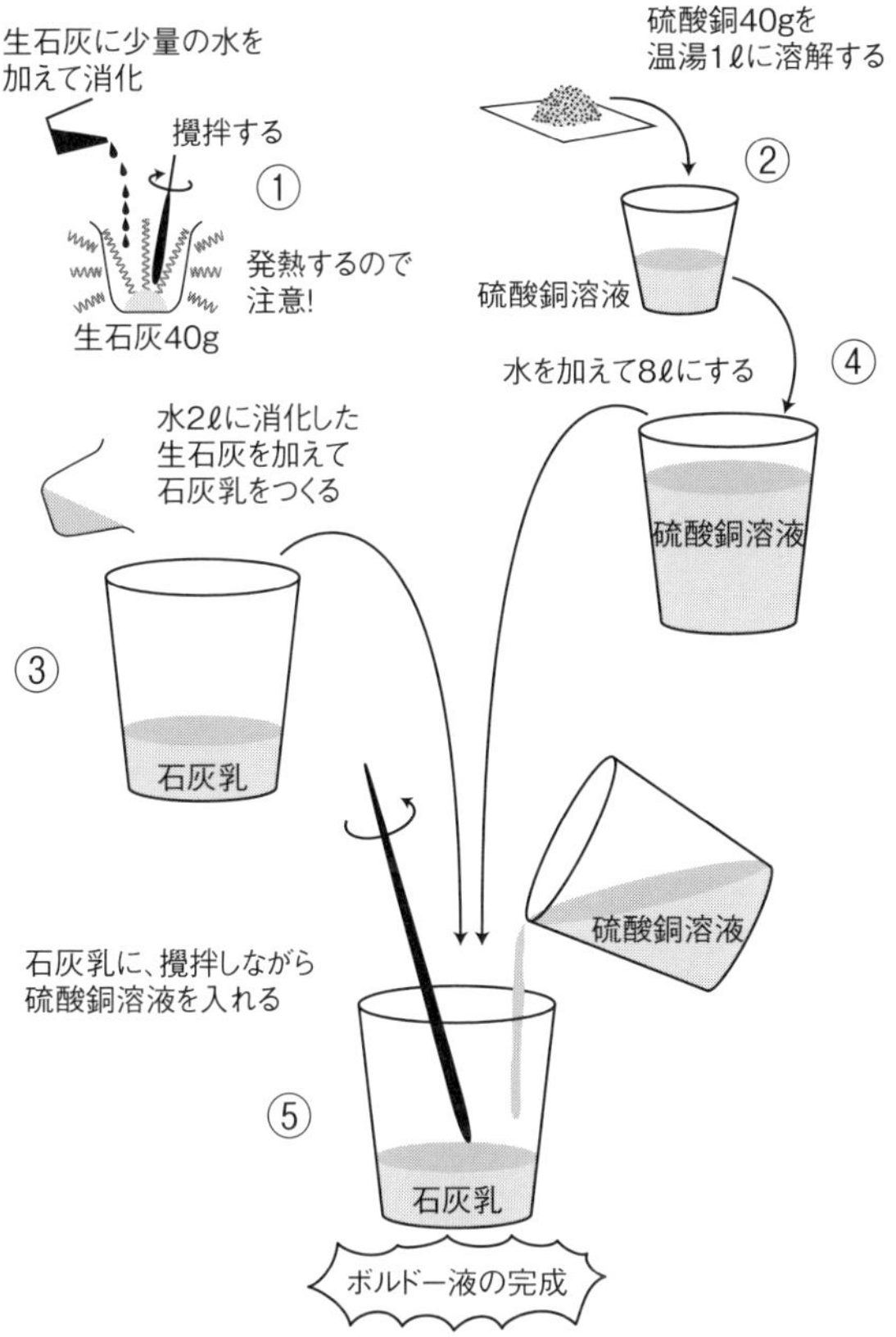

生石灰に少量の水を加えて消化
攪拌する
①
発熱するので注意!
生石灰40g
硫酸銅40gを温湯1ℓに溶解する
②
硫酸銅溶液
水を加えて8ℓにする
④
硫酸銅溶液
水2ℓに消化した生石灰を加えて石灰乳をつくる
③
石灰乳
硫酸銅溶液
石灰乳に、攪拌しながら硫酸銅溶液を入れる
⑤
石灰乳
ボルドー液の完成

（炭酸カルシウム）などの石灰を加えて薬害を防ぐことが常識となっている。銅イオンの溶出は、アルカリ側のpHによって抑制されるからである。

ということは、逆にpHが上昇しないようにすれば銅イオンの溶出は高まるわけだ。「ジーファイン」（炭酸水素ナトリウム・銅水和剤）という薬剤は、炭酸水素ナトリウムを添加してpHの上昇を抑えることで、一般の無機銅剤の10分の1の銅濃度で安定した防除効果を実現した（ただし持続性は落ちる可能性がある）。炭酸水素ナトリウムが、銅イオンの溶出を安定化させる役割を果たしているわけである。

銅は古くから使われてきた防除薬剤でもあり、食品中への残留が問題となったこともない。銅を過剰に摂取すると毒性はあるが、生物にとっては必要な元素でもある。硫酸銅は、食品添加物としても認可されているし、銅水和剤は、「有機農産物」に使用できる農薬でもある。

適用作物、適用病害が広い

銅剤は、一般の有機殺菌剤と比べれば防除効果は低い。しかし適用病害が広いこと、幅広い農薬登録を持っており、すべての野菜に使えることなど、他の有機殺菌剤にない利点がある（119ページの表）。

有機殺菌剤では、多くの薬剤で糸状菌に対して効果のある薬剤は細菌に対して効果がないなど、糸状菌剤と細菌

剤に分類されるが、銅剤は糸状菌、細菌とも同時に殺菌効果が期待できる。複数の病害を1薬剤で防除できるのである。

薬剤の性質から見て耐性菌出現の心配がないこと、多くの作物で使用時期や使用回数を気にしなくてすむことも利点である。

以下、銅剤の具体的な利用法について述べてみよう。

べとも、うどんこも斑点細菌も一剤で防除

たとえば、露地栽培のキュウリの生育期には、べと病、うどんこ病、斑点細菌病といった病害が同時に発生することがある。これを有機殺菌剤で防除しようとすれば、べと病に対して「ランマンフロアブル」（ジアゾファミド剤）が、斑点細菌病には抗生物質剤である「マイコシールド」（オキシテトラサイクリン剤）が、といったように複数の薬剤を散布する必要がある。それに対して銅水和剤は、これらの病害に対して1剤で対応ができるわけである。ほかにも、たとえば、うどんこ病に対しても効果が期待できる。

発病してからの銅剤の防除効果は低いが、発生前からの予防散布によって極めて高い効果を示す。発病時期の少し前から予防的に散布することで、複数の病害を効率よく防止できる特徴がある。

予防散布にピッタリ

作物の病害防除では、早めの防除を心がけることが重要である。複数の病害の発生が予測される場合には、発病時期に入ったら、予防的に銅剤を散布する。

ブドウのべと病などでは、発生してから「サンドファン」（オキサジキシル剤）や「リドミル」（メタラキシル剤）などで防除することは可能であるが、これも多発すると防除が難しくなる。その点、ボルドー液やＩＣボルドーは比較的残効性があるので、発病前に予防散布しておくと被害軽減効果が高い。残効期間は降雨量にもよるが、2～3週間程度である。

薬害軽減にはクレフノンを

ただ、先ほども述べたとおり、銅剤を利用する際には銅特有の薬害に注意が必要である。とくに新芽、苗、開花時に薬害の発生が多い。通常の散布でも、薬害を軽減するためにはクレフノン等の石灰を加用したほうがいい。なお、銅をオキシンとキレート結合した有機銅剤では薬害の発生が軽減される。

野菜では、軟弱野菜など葉菜類に散布すると褐色の微小斑点が生じるなど品質を損ねることがあるので注意が必要である。どうしても使う場合には、小面積で散布し、被害がないか確認してから利用する。花卉類などでは、品

「ボルドー」（銅水和剤・住友化学）の安全使用基準

作物	適用病害虫	希釈倍数・使用量	使用時期
野菜類	べと病、軟腐病	500～1000倍	―
キュウリ	斑点細菌病	500倍	―
メロン	斑点細菌病	500～1000倍	―
トウガン	果実汚斑細菌病	800倍	―
トマト	疫病、斑点病、葉かび病	500倍	―
ミニトマト	疫病、斑点病、葉かび病	500倍	―
ウド	黒斑病	500倍	根株養成期
タマネギ	白色疫病	500倍	―
キャベツ	黒斑細菌病、黒腐病	500倍	―
レタス	斑点細菌病、腐敗病	500～1000倍	―
非結球レタス	斑点細菌病、腐敗病	500～1000倍	―
インゲンマメ	かさ枯病	500～600倍	―
バレイショ	疫病	400～800倍	―
カンショ	斑点病	500倍	―
カンキツ	かいよう病	1000～2000倍	―
	そうか病、黒点病	400～800倍	―
キウイフルーツ	花腐細菌病	1000倍	休眠期～蕾出現前
クリ	実炭疽病	500倍	果実肥大期
茶	もち病	500倍	摘採14日前まで
	赤焼病	500～1000倍	摘採14日前まで
	炭疽病、網もち病	500倍	摘採14日前まで
テンサイ	褐斑病	400～800倍	―
ホップ	べと病	1000倍	―
ハッカ	さび病	500倍	―
ひまわり	空胴病	500倍	―
ひまわり（種子）	空胴病	500倍	収穫14日前まで
イネ	稲こうじ病、墨黒穂病	2000倍	出穂10日前まで
樹木類	斑点症（シュードサーコスポラ菌）	800倍	発病初期

注）銅剤は作物によって倍率、使用量が違い、薬害も出やすいので注意する。

種によって薬害の生じやすいものがある。各薬剤の注意事項を確認して使う。

それにしても銅剤は、農薬としては安全性の高い薬剤であり、食品の安全性を確保する防除資材として不可欠な存在である。近年は、新規薬剤の価格が高くなる傾向があるが、銅剤は安価な薬剤の代表選手である。上手に利用することで、食の安全確保と、作物の効率的な生産が可能となる。

（大阪府立環境農林水産総合研究所）

複数作物に登録のある農薬、どう探す？

ルーラル電子図書館
「登録農薬検索」の
複数作物選択のしかた

＊「作物を追加」のボタンは、「この作物に登録のある農薬」の一覧、「病害虫雑草別農薬一覧」にある。

1 まず、1つめの作物「えだまめ」を選び、「この作物に登録がある農薬」を表示する。

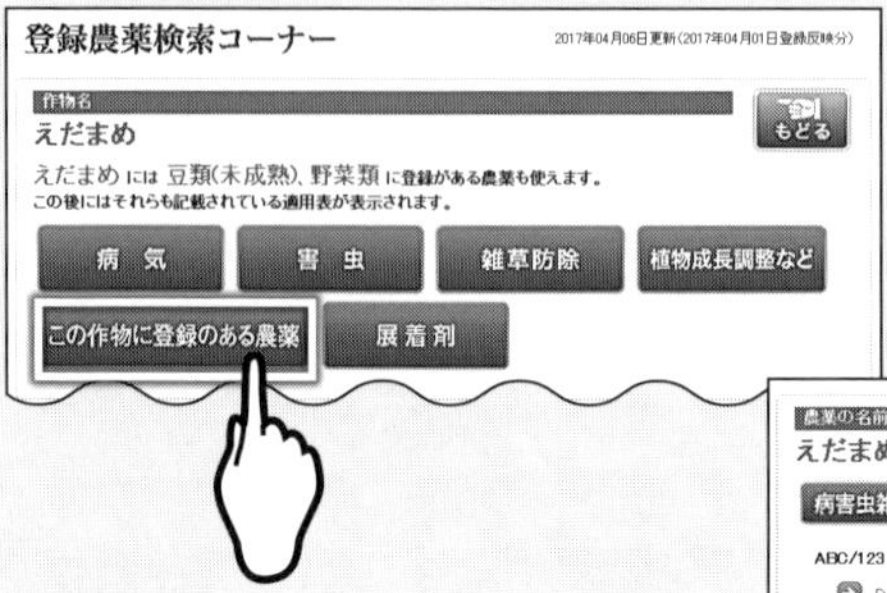

2 「作物を追加」ボタンから、2つめの作物「こまつな」を追加すると、両作物に適用がある農薬が表示される。

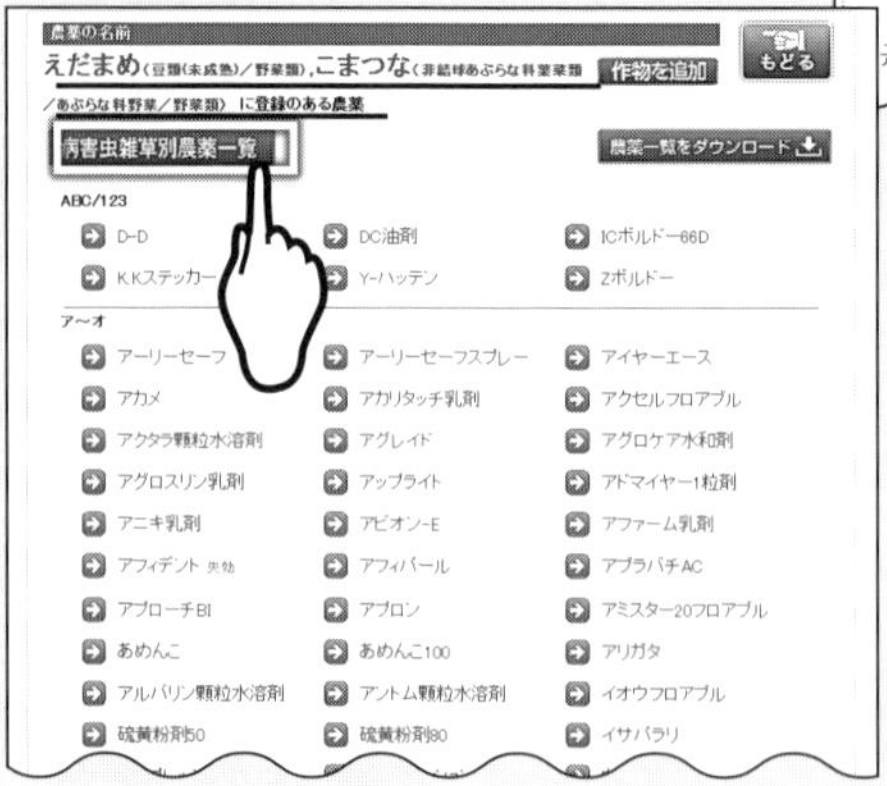

3 さらに、「病害虫雑草別農薬一覧」ボタンから、共通する病害虫がある場合に病害虫別に農薬が表示される。

多品目栽培の畑では、共通に使える農薬を選ぶことがある。そんなときに便利なのが、ルーラル電子図書館の「登録農薬検索」コーナーだ。隣接作物にも登録がある農薬を選択できるようになっていて、現状では作物は３つまで選択できる。使い方は上の図のとおりだ。ルーラル電子図書館については74ページ参照。

第4章

果樹の農薬選び

マシン油の効果的な使い方

田代暢哉

——ダニ剤はこんなに短命、マシン油は長命——

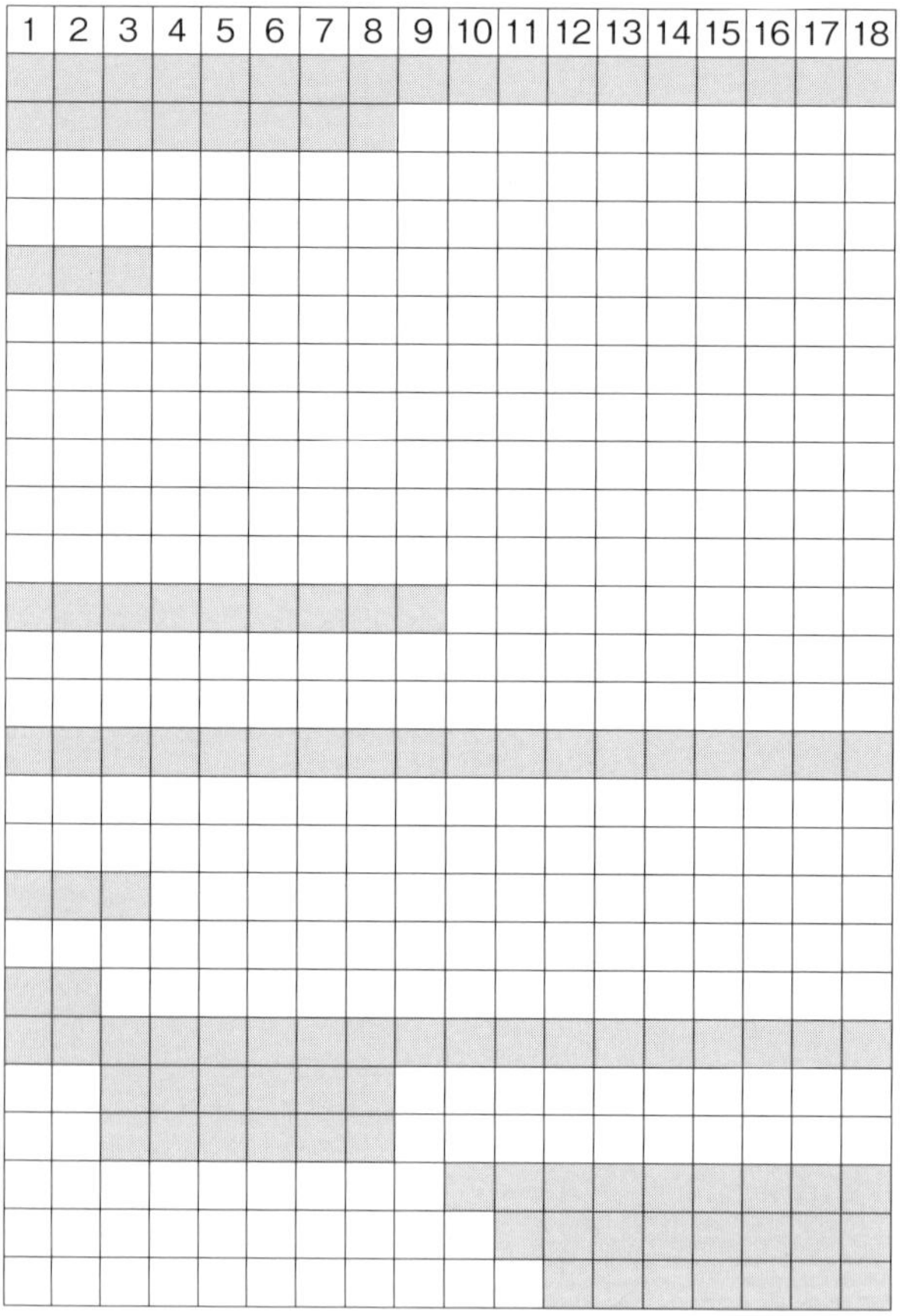

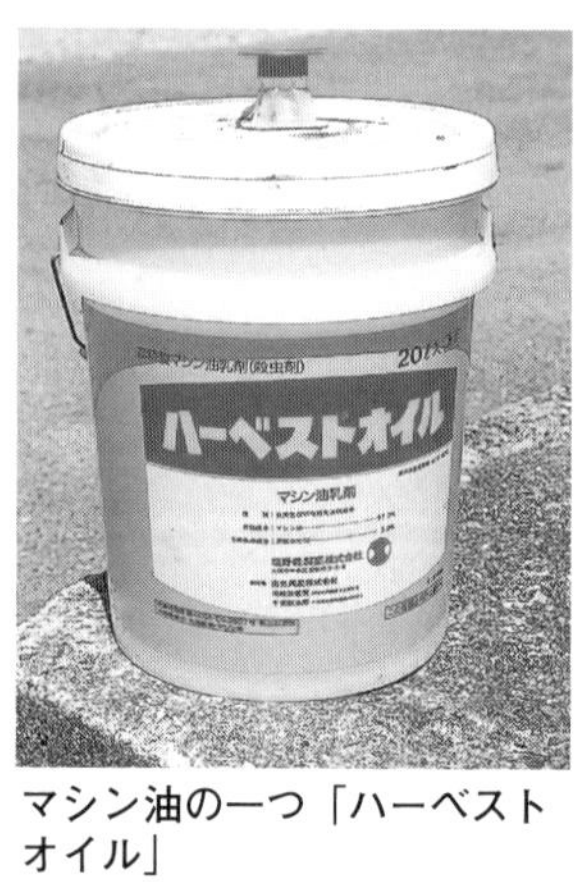

マシン油の一つ「ハーベストオイル」

マシン油乳剤の積極的な利用は、「果実糖度の低下を招く」という先入観から、これまで控えられてきた経緯があります。しかし今回示すように、使う時期と種類を選べば、糖度は低下しません。それよりむしろ、マシン油を積極的に利用することによって生じる数々のメリットのほうがはるかに大きいと思われます。

今回はミカンハダニ防除を中心に、マシン油の効果的な使い方を紹介します。本防除体系は佐賀県では広く普及しており、ミカンハダニばかりでなく、黒点病、そうか病、灰色かび病などの防除の効率化にも大きく寄与しています。

佐賀県の病害虫防除基準におけるミカンハダニ防除剤の変遷（昭和42年～平成18年）

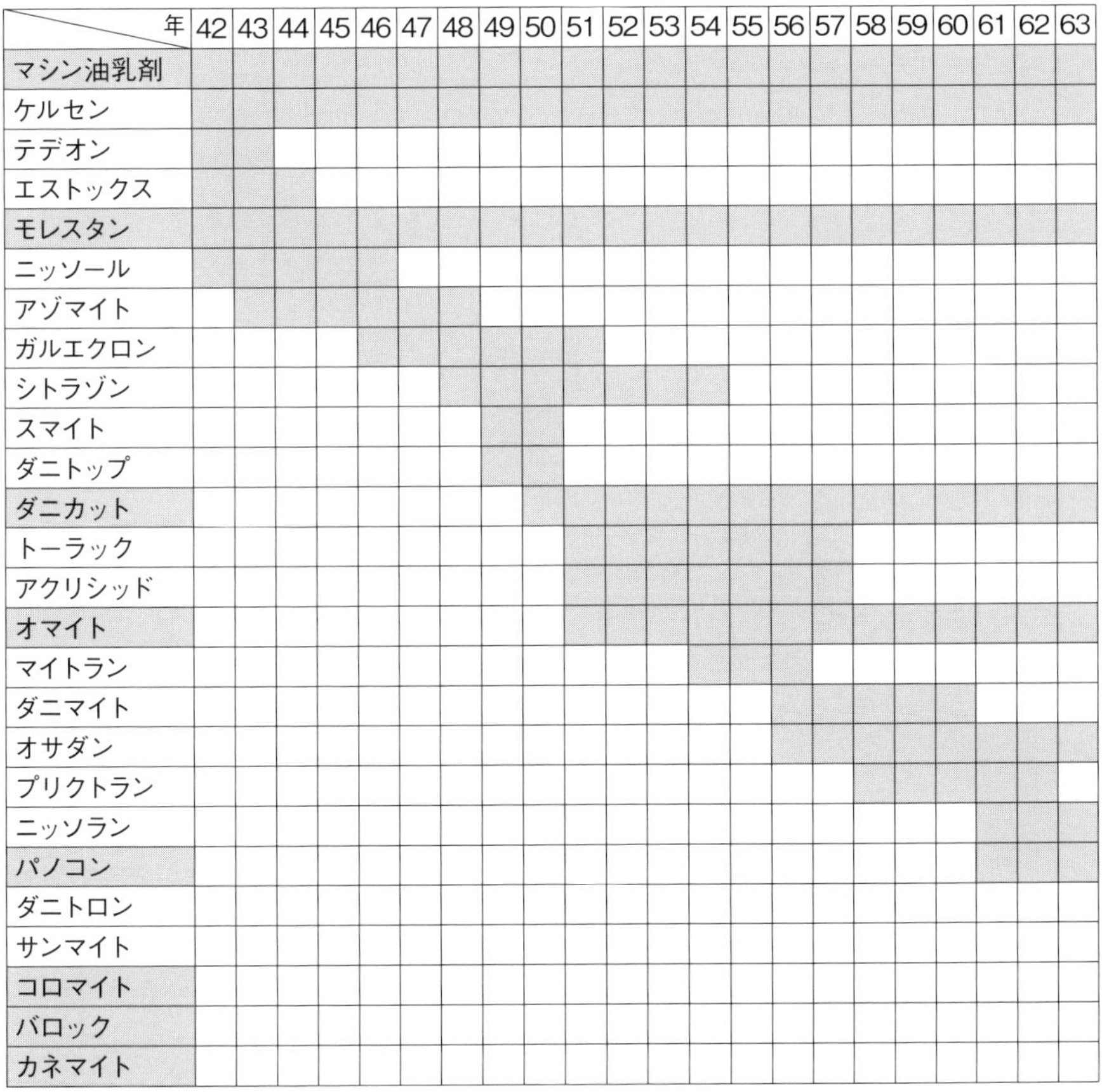

アミがけの防除剤は比較的長命

ダニ剤はこんなに短命

まずはミカンハダニの防除に使われるダニ剤の現状についてみてみましょう。

図に過去40年間の佐賀県病害虫防除基準におけるダニ剤（カンキツのミカンハダニ剤）の変遷を示しました。いかにダニ剤が短命であるかが一目でわかるでしょう。早いものではわずか2年で防除基準から消えています。薬剤抵抗性が発達してくるからです。これでは、新薬の登場と抵抗性発達による効果低下のいたちごっこ。この先もずっとダニに苦しめられることが避けられません。

そこで、平成10年にコロマイト水和剤が登場したのをきっかけに、これまでのダニ防除の考え方を大きく転換することにしました。①6月まではマシン油を積極的に利用する、②ダニ剤の散布は果実被害を防ぐ8月下旬～9月上旬の時期に限る、③その時期に散布するダニ剤は2年続けて同じ剤を使用しない、同じ剤はできれば3年あるいは4年に1回の使用とする、という3点です。

その結果、123ページ図のように、コロマイト水和剤、バロックフロアブル、カネマイトフロアブルについては、それぞれ登場後9年、8年、7年経過しているにもかかわらず抵抗性の発達は見られず、これまで短命だったダニ剤の寿命を大幅に延ばすことに成功しています。

ダニ剤は盆すぎに

そもそも、マシン油乳剤以外のダニ剤は、使い続ける限り必ず効かなくなります。どんな使い方をしてもです。

それは、そのダニ剤がもともと〝効かないダニ〟が自然界には極々少数ですが初めから存在しているからなのです。ダニ剤を使っているうちに、その〝効かないダニ〟の割合が徐々に増えてくるのです。このため、薬剤抵抗性の発達を抑えることは不可能だといえます。私たちにできることは、薬剤抵抗性の発達をできるだけ遅らせるということだけ。そのための方法はただ一つ、ダニ剤をできるだけ使わないということです。使うにしても、同じ薬剤を毎年毎年、使い続けていかないということです。

ダニ剤をできるだけ使わないと抵抗性の発達抑制につながるということは、図をみても明らかです。大部分のダニ剤が短命であるのに対して、長期にわたって使われ続けているものはモレスタン、ダニカット、オマイトの3剤。これらに共通するのが、〝使用時期が限られている〟〝使用回数が多くない〟ことです。

ではいつ使えばいいかというと、カンキツでは果実被害を防ぐための8月下旬～9月上旬です。秋ダニによって果実が真っ白になってしまってはどうしようもありません。果実被害を防ぐための8月下旬～9月上旬のダニ剤散布は必須で、完璧な効果が望まれます。このため、この時期には効果の高いすぐれたダニ剤を使わなくてはなりません。現在、すぐれた効果が期待できるダニ剤は、コロマイト、バロック、カネマイト、ダニエモンなど結構あります。

これまでの常識としては、秋ダニの防除を楽にするためには夏ダニの駆除が必要で、そのためには梅雨明けの7月中下旬のダニ剤散布が広く行なわれていました。しかし7月中下旬はダニの増殖が著しく多い時なので、この時期にダニ剤を散布したのでは抵抗性の発達を誘導しているようなものです。

6月まではマシン油で

もちろん、8月下旬～9月上旬のダニ剤散布までにダニで葉っぱ全面が真っ白くなってしまってはいけませんので何らかの対策が必要になります。そこで、ダニ剤散布までにダニの密度を低く保つための手段が5～6月のマシン油の散布ということになります。

この場合、マシン油乳剤は殺菌剤に混用して散布します。マシン油乳剤には機能性展着剤の働き（表層に成分が染みこむ力）もあるのです。殺菌剤にマシン油乳剤を混用すると、マンゼブ水和剤（ジマンダイセン水和剤・ペンコゼブ水和剤）では黒点病に対する防除効果が、ストロビードライフロアブルではそうか病や灰色かび病、黒点病に対する防除効果が向上し、散布回数と経費を少なくすることができます（次ページの表）。

殺菌剤散布時にマシン油を混用することでハダニ防除をしようと特に意識しなくても、日頃の病害防除をするなかで十分なハダニ防除効果が得られるわけです。6～7月にかけて高価な殺ダニ剤を使用しなくてもハダニ防除を簡単にできることはこれまでミカンハダニ防除に困っていた現場にとって朗報です。

夏季マシン油散布のコツ

①低濃度で連続散布する

さて、この時期に散布するマシン油の濃度は、できるだけ低いほうが樹体に対する悪影響が少ないのは当然です。このため、ハダニが目に付く場合にはマシン油の濃度を200倍にしますが、ほとんど見かけないような時には400倍で混用します。400倍という低濃度散布でも5～6月に連続して2～3回散布することによって8月下旬までハダニを低密度に保つことができます。

②たっぷり散布する必要はない

「マシン油はたっぷりとかけ、ムラなく散布しなさい」という指導がこれまでは普通でした。でも、本当はマシン油の場合、かけムラができても2～3回の連続散布でダニに対する効果は十分に確保されます。標準量よりも少ない散布量（樹の大きさにもよりますが10a当たり300～500ℓ程度）で大丈夫です。つまり、殺菌剤の散布量に合わせていいということです。ただし、ノズルはキリナシノズルを使い、ドリフトをできるだけ少なくして樹体への付着量を十分に確保することが大切です。

また、「マシン油はミカンハダニの気門をふさいで呼吸困難にすることによって効果を発揮する」と大多数の方は思われていますが、じつはその他にもミカンハダニの密度を抑制する作用があります。マシン油が散布されたミカンの葉では無散布の葉と比べてミカンハダニの寿命が短くなり、産卵数が少なくなるのです。マシン油にはこのような副次的効果があるので、マシン油をミカンハダニが低密度の時から散布することによって、あるいは連用散布することによって、よりいっそう防除効果が高まることになります。

夏季マシン油散布の注意点

①6月までの使用に限る

に対する防除効果と経費

変わらない

8/4	発病度	防除価	総散布回数	経費
→〇	0.4	99	7	16,518
→〇	10.7	76	7	14,352
→〇	0.4	99	6	13,764
→〇	10.4	77	5	10,974
−	45.0			

累積雨量：ジマンダイセンの散布間隔は雨量にして200～250㎜が一般的

8/4はエムダイファーを散布

ただし、マシン油散布によって1週間程度、カンキツ樹の光合成能が低下します。このため、5~6月に数回散布されるマシン油が樹体や果実品質に悪影響を及ぼすのではないかということが心配されます。このことについて、現在、調べているところですが、明らかに糖度が低下するという証拠は得られていません。逆に、後で述べるように、マシン油の種類によっては糖度が上昇することもわかってきました。しかし、7月以降の散布では糖度は明らかに低下するので、必ず6月までの使用に限ります。

佐賀県での使用実態では、7月に入ってもマシン油が散布されている問題事例もありますが、大部分の農家は6月までに散布を済ませており、特に問題になるようなことは起きていません。

②製品によって使い分ける

マシン油といっても多くの製品があります。原料になる原油の産地や精製方法がメーカーによって違っています。このため、葉や果実への成分の取り込み量が違うようで、この違いがダニの防除効果、殺菌剤との混用における病害予防効果の助長程度（アジュバント効果）、果実糖度への影響などが種類によって違っている原因ではないかと考えています。

これまでに得られているデータによると、「ハーベストオイル」は殺ダニ効果とアジュバント効果にすぐれていますが、果実糖度は若干、下がる傾向にあります。これに対して「スプレーオイル」「スピンドロン乳剤」は「ハーベストオイル」に殺ダニ効果とアジュバント効果ではやや劣ります（マシン油無加用に比べるともちろんすぐれた効果です）が、果実糖度が下がることはありません。むしろ、糖度が上がる傾向にあります。「アタックオイル」は両者の中間的な性質です。「ラビサ

ジマンダイセン水和剤にマシン油乳剤を混用して防除回数を削減した場合の黒点病
——散布間隔を「200 ～ 250㎜で散布」から「400 ～ 450㎜で散布」に延ばしても防除価はほぼ

累積降雨量	薬剤散布月日									
	5/20		6/21		6/25		6/27		7/21	
200～250㎜で散布	●←	225㎜	→●←	241㎜			→●←	182㎜	→○←	259㎜
	○←	225㎜	→○←	241㎜			→○←	182㎜	→○←	259㎜
300～350㎜	●←	329㎜			→●←	319㎜			→○←	259㎜
400～450㎜	●←	446㎜					→●←	441㎜		
無散布	—		—		—		—		—	

●：マンゼブ水和剤600倍＋マシン油乳剤（97%）200倍の混用散布
○：ジマンダイセン水和剤600倍の単用散布
経費：10a当たりの薬剤散布（500ℓ）に要した経費（薬剤費＋労働費）

ンスプレー」では殺ダニ効果が低くなります。

これらの性質を考慮してマシン油を使えば効果が高く、樹体への悪影響がより少ない防除をすることができます。6月上旬~中旬までは「ハーベストオイル」を使い、その後は「スプレーオイル」を使う体系が考えられますし、果実糖度への影響が気になる方は「スプレーオイル」を期間を通して使用すればいいでしょう。

③マシン油だけの散布はしない（温州ミカン）

マシン油を散布した樹では降雨後の雨滴の乾きが遅くなります。このため、黒点病やそうか病などの病害の多発生を招いてしまいます（もちろん、殺菌剤の残効が持続していれば大丈夫です）。マシン油を散布する場合、殺菌剤を加えることが基本です。

④中晩柑ではマシン油と殺菌剤の混用はしない

甘夏や文旦ではマシン油と殺菌剤のジマンダイセン水和剤を混用散布すると果面に障害が発生するので、マシン油だけの散布に限ります。この他の品種ではいつも発生するというわけではなく、混用可能な場合もありますが、散布にあたっては事前の確認が必要です。

（佐賀県上場営農センター）

マシン油は6月までに
低濃度で殺菌剤と混ぜる
ということデスネ

安くて、こんなにいいクスリ銅剤

田代暢哉

イヨカンにICボルドー66Dを80倍で散布（写真は井上石灰工業株式会社提供）

有機でも特栽でも使用できる

銅水和剤は安全性が高く、環境にやさしい薬剤です。銅は人間、植物にとって必須微量元素ですし、毎日使っている十円玉が銅貨であることからも人間に対する毒性の低さが理解できます。このため「有機農産物」で使用できる農薬として認められており、「特別栽培農産物」では使用しても農薬の散布回数としてカウントされることはありません。

さらに他の有機合成殺菌剤に比べて安価であることも魅力です。使いづらいところもありますが、その特徴を十分に理解すれば高い効果をあげることができ、病害虫防除をよりうまく行なうことが可能になります。

銅水和剤のいいところ

銅水和剤にはコサイドＤＦ、コサイドボルドー、Ｚボルドー、ドイツボルドー、ボルドー液（硫酸銅と生石灰を混ぜた調製ボルドーやＩＣボルドー）などがあり、その特徴は以下に述べる通りです。

①幅広い病害、特に細菌病に効果

多くの樹種の多くの病害に対して予防効果があり、そこそこの効果を示す汎用剤です。カンキツでは発芽前に散布しておくと展葉期のそうか病防除は不要です。また、黒点病や黄斑病、褐色腐敗病にも効果を示します。さらに、有効な薬剤が少ない細菌病に効果を示すのが特徴で、カンキツのかいよう病防除では欠かすことができません。

②長い残効

雨に強く、残効が長いため、安定した効果を示します。

③作物の耐病性を強化

銅水和剤には病原菌の感染阻止作用以外に、病気に対する樹体の抵抗力を増強する作用があります。散布すると銅が樹体を刺激し、その体内に抗菌物質が生成されて発病が抑制されることが証明されています。一種の抵抗性誘導といえます。

この他に、銅の補給にも役立つので、銅欠乏症の対策にもなりますし、作物が健全に育ち、病害の発生が抑制されることにもなります。

④耐性菌が出ない

銅剤は、弱酸性の雨滴、植物や病原菌が分泌する有機酸によって殺菌力のある銅イオンとして溶け出します。この銅イオンは病原菌に吸着・透過し、原形質膜を破壊したり、酵素活性を阻害。つまり、銅イオンが原形質膜という細胞の基本中の基本であったり、種々の酵素系であったりと多くの場所に作用するので、耐性菌が出現しないのです。

⑤ナメクジ・ウスカワマイマイにも効果

ナメクジやウスカワマイマイはいったん発生すると防除は困難ですが、銅をとても嫌います。直接かけると殺貝効果がありますし、樹体に散布しておけば忌避効果があります。耐雨性が強いので、長期間効果が持続するのが特徴です。

一般の銅水和剤や調製ボルドーにはこれらの貝類に農薬登録はありませんが、後で説明するICボルドーは登録があります。

銅水和剤の注意点

銅水和剤はクセのある薬剤でもあります。その弱点や問題点をよく理解して使用しないと効果が得られないばかりか、薬害などの問題を引き起こすので注意が必要です。

①発病してからの効果は低い

典型的な保護剤なので、病原菌の感染前に散布しないと効果は望めません。予防散布が鉄則です。

②薬害が出やすい

代表的な薬害として、カンキツではスターメラノーズ（星型の黒点）があります。降雨が多いと、銅の溶け出る量が多くなって発生します。

黒点病と見分けがつきにくいのですが、点のまわりが不整形（星型）かどうかで区別できます。果実に発生すると商品価値が下がるので、果実が肥大してからは薬害軽減のためにカルシウムの添加量を増やさなくてはいけません（銅の割合が多いと効果は高まるが、薬害の発生が多くなる。カルシウムの割合が多いと、効果はやや劣るが、薬害は少ない）。樹種によっては緑枝でスターメラノーズよりもずっと大きな黒色の盛り上がった症状になることもありますが、それで生育が抑制されるなどの実害を生じることはありません。

③混用できる薬剤が少ない

特にボルドー液では混用できる薬剤が限られており、なんでもかんでも混用するわけにはいきません。混用した薬剤の防除効果が得られないことになります。混用できるかどうかは、ラベルに表記されていますので、よく確認することが大切です。

なお、カンキツでかいよう病と黒点病を同時に防除しようとして、コサイドボルドーなどの銅水和剤とジマンダイセン水和剤を混用すると、ジマンダイセン水和剤の効果が低下するので注意が必要です。

④汚れが目立つ

銅水和剤が付着したところは青くどぎつい色になります。葉や枝だと問題にはならない場合が多いのですが、果実が汚れてしまってはいけません。ただ果実の汚れが最も問題になるブドウでも、開花直前までと袋をかけ終わってからの使用であれば、なんの問題もありません。

⑤サビダニ・ハダニが増える

銅水和剤を散布するとミカンサビダニはまちがいなく増加し、サビダニ対策をしていないと大きな被害が出ます。果実表面に生息しているサビダニ寄生細菌類（サビダニの密度を抑制する菌）を銅が抑制するのが原因ではないかといわれています。

また、サビダニ以外にもハダニ類も増える場合が多いようです。

⑥銅の蓄積で生育が不良になる

年間に何回も、そして長年にわたって銅水和剤を使用していると、銅が土壌に蓄積して、樹種によっては生育に悪影響を与えることがあります。しかし、銅水和剤は保護殺菌剤ですから樹体から薬液が滴り落ちるほどたくさんの量を散布する必要はありません。そして残効期間が長く、汎用性という特徴を生かして、使用時期を限って散布すれば、土壌中への蓄積の問題は深刻化しないと思われます。

問題があるから使わないのではなくて、どうすれば使えるのかを考えることが大切です。

手軽で効果の高い
―ICボルドー

銅水和剤の中でも特に高い効果を得られるのがボルドー液です。これまでボルドー液といえば、材料の入手や調製に手間がかかり、たまには調製に失敗してしまうこともありました。しかし、ＩＣボルドーは一般の薬剤と同じように水に溶くだけですぐに使えるので、このうえなく便利です。製品の種類や希釈倍数によって硫酸銅と石灰のいろいろな組み合わせができるので、多くの樹種に対応できます。

価格的には調製ボルドーより高くなりますが、手軽さと高い効果を考えると、高すぎることはありません。それがＩＣボルドーが広く普及してきた理由です。

（佐賀県上場営農センター）

第5章

イネの箱施用剤選び

RACコード付きイネ箱施用剤一覧

水田では、「箱施用剤」の利用が進んでいる。育苗箱に長期残効がある殺虫剤・殺菌剤・混合剤を施用することで田植え後の農薬散布回数が減らせて省力化につながるためだ。

134〜139ページの表は、その箱施用剤の一覧。静岡県が「平成30年度農薬安全使用指針・農作物病害虫防除基準」の一つとしてまとめたものだ。静岡県では現在、「デラウス」「アチーブ」などのMBI－D剤でイモチ病耐性菌が発生して問題となっているため、耐性菌を蔓延させないように、デラウスとアチーブを一覧表からはずしている。さらに、他県でイモチ病耐性菌が発生している「アミスター」「嵐」などのＱｏＩ剤も県内での耐性菌発生が懸念されるため、一覧表には載せているが連用を避けるように呼びかけている。

2019年3月1日現在

イネツトムシ	ツマグロヨコバイ	フタオビコヤガ	ニカメイチュウ	コブノメイガ	イネドロオイムシ	イネミズゾウムシ	イネシンガレセンチュウ	イネクロカメムシ	カメムシ類	ウンカ類	紋枯病	もみ枯細菌病	穂枯れ（ごま葉枯病菌）	苗腐敗症（もみ枯細菌病菌）	苗立枯病（フザリウム菌）	苗立枯病（ピシウム菌）	苗立枯細菌病	内穎褐変病	白葉枯病	いもち病
																				○
																				○
			○	○	○	○				○	○									○
○			○	○	○	○				○	○									○
	○								○	○	○									○
											○		○			○				○

編集部ではこの一覧表が全国的に参考になると考えて、静岡県に許可を得て掲載させていただくことにした。その際、同じ系統の農薬を連用しないために、RACコードを編集部で加えた。

たとえば、下の表をみると、静岡県でイモチ病耐性菌の発生が確認されている「デラウス」「アチーブ」は、同じRACコード16・2の系統の農薬であり、連用を避けたほうがよいことがわかる。また、他県でイモチ病耐性菌が発生している「アミスター」「嵐」は、同じRACコード11の系統の農薬であることがわかる。

なお、害虫でも、北海道で抵抗性発生の報告がある。「プリンス」でイネドロオイムシの抵抗性が、「アドマイヤー」でイネミズゾウムシに抵抗性が発生している。「プリンス」はRACコード2B、「アドマイヤー」はRACコード4Aの系統の農薬であり、同じ系統を含む農薬の連用は避けてほうがよいことがわかる。 編

耐性菌が発生しているデラウス、アチーブ、アミスター、嵐の系統と適用

農薬名	農薬種類名	RACコード／系統
デラウス顆粒水和剤	ジクロシメット水和剤	16.2／カルボキサミド
アチーブフロアブル	フェノキサニル水和剤	16.2／プロピオンアミド
デラウスプリンスリンバー箱粒剤	フィプロニル・ジクロシメット・フラメトピル粒剤	2B／フェニルピラゾール＋16.2／カルボキサミド+7／ピラゾールカルボキサミド
アミスタープリンス粒剤	フィプロニル・アゾキシストロビン粒剤	2B／フェニルピラゾール＋11／メトキシアクリレート
アミスタートレボンSE	エトフェンプロックス・アゾキシストロビン水和剤	3A／ピレスロイド＋11／メトキシアクリレート
嵐箱粒剤	オリサストロビン粒剤	11／オキシイミノアセトアミド

平成29年12月31日現在

ウンカ類	セジロウンカ	ヒメトビウンカ	イネシンガレセンチュウ	イネミズゾウムシ	イネドロオイムシ	イネカラバエ	コブノメイガ	ニカメイチュウ	フタオビコヤガ	ツマグロヨコバイ	イネツトムシ
		○	○	○	○					○	
	○	○	○	○	○	○		○	○	○	○
○			○	○	○	○	○	○	○		○
○				○	○					○	
○				○	○					○	
				○	○		○	○	○	○	○

平成29年12月31日現在

いもち病	いもち病（苗いもち）	褐条病	ごま葉枯病	白葉枯病	苗立枯細菌病	苗立枯病（リゾクトニア菌）	苗立枯病（ピシウム菌）	苗立枯病（リゾープス菌）	苗立枯病（トリコデルマ菌）	苗立枯病（フザリウム菌）	苗立枯病（白絹病菌）	ばか苗病	もみ枯細菌病	幼苗腐敗症（もみ枯細菌病菌）	幼苗腐敗症（イネもみ枯細菌病菌）
○									○						
○															
	○	○			○										○
		○			○									○	
			○				○			○					
○				○									○		
						○					○				
								○							
								○							
												○	○		
								○							

静岡県の病害虫防除指針／イネ箱施用剤一覧

稲（育苗箱）：単剤（殺虫剤）

農薬名	農薬種類名	RAC コード／系統
ガゼット粒剤	カルボスルファン粒剤	1A ／カーバメート
グランドオンコル粒剤	ベンフラカルブ粒剤	1A ／カーバメート
プリンス粒剤	フィプロニル粒剤	2B ／フェニルピラゾール（フィプロール）
アドマイヤーＣＲ箱粒剤	イミダクロプリド粒剤	4A ／ネオニコチノイド
ワンリード箱粒剤 08	クロチアニジン粒剤	4A ／ネオニコチノイド
フェルテラ箱粒剤	クロラントラニリプロール粒剤	28 ／ジアミド

稲（育苗箱）：単剤（殺菌剤）

農薬名	農薬種類名	RAC コード／系統
ベンレート水和剤	ベノミル水和剤	1／ベンゾイミダゾール
フジワン粒剤	イソプロチオラン粒剤	6／ジチオラン
カスミン液剤	カスガマイシン液剤	24 ／ヘキソピラノシル抗生物質
カスミン粒剤 ＊商品によって適用が異なるため、ラベルをよく確認する。	カスガマイシン粒剤	24 ／ヘキソピラノシル抗生物質
タチガレン液剤	ヒドロキシイソキサゾール液剤	32 ／イソキサゾール
オリゼメート粒剤	プロベナゾール粒剤	Ｐ2／ベンゾイソチアゾール
バリダシン液剤	バリダマイシン液剤	U 18 ／グルコピラノシル抗生物質
ダコニール 1000	ＴＰＮ水和剤	Ｍ／クロロニトリル
ダコニール粉剤	ＴＰＮ粉剤	Ｍ／クロロニトリル
エコホープ	トリコデルマ　アトロビリデ水和剤	未／微生物農薬
タフブロック	タラロマイセス　フラバス水和剤	未／微生物農薬

平成29年12月31日現在

いもち病	白葉枯病	内穎褐変病	苗立枯細菌病	苗立枯病（ピシウム菌）	苗立枯病（フザリウム菌）	苗腐敗症（もみ枯細菌病菌）	穂枯れ（ごま葉枯病菌）	もみ枯細菌病	紋枯病	ウンカ類	カメムシ類	イネクロカメムシ	イネシンガレセンチュウ	イネミズゾウムシ	イネドロオイムシ	コブノメイガ	ニカメイチュウ	フタオビコヤガ	ツマグロヨコバイ	イネツトムシ
○	○							○		○				○	○	○	○			○
○	○							○		○				○	○	○	○			○
○										○				○	○	○	○			○
○									○	○				○	○	○	○			○
○				○					○	○			○	○	○	○	○			○
○										○				○	○	○	○			○
○	○							○		○				○	○	○	○			○
○										○				○	○	○	○			○
○										○	○			○	○			○	○	
○										○	○			○	○			○	○	
○										○				○	○		○		○	
○	○							○		○				○	○		○		○	
○	○		○					○		○				○	○				○	
○	○	○	○			○	○	○		○				○	○		○	○	○	
○								○		○	○			○	○		○		○	
○										○				○	○				○	
										○				○	○	○	○	○	○	○
	○	○						○						○	○	○	○	○	○	○
○	○	○	○			○	○	○						○	○	○	○	○	○	○
○	○	○	○			○	○	○						○	○	○	○	○		
○	○	○	○			○	○	○						○	○	○	○	○	○	○
				○	○															
				○	○															

稲（育苗箱）：混合剤

農薬名	農薬種類名	RAC コード／系統
Dr. オリゼプリンス粒剤 10	フィプロニル・プロベナゾール粒剤	2B ／フェニルピラゾール＋ P2 ／ベンゾイソチアゾール
ファーストオリゼプリンス粒剤 10	フィプロニル・プロベナゾール粒剤	2B ／フェニルピラゾール＋ P2 ／ベンゾイソチアゾール
オリゼメートプリンス粒剤	フィプロニル・プロベナゾール粒剤	2B ／フェニルピラゾール＋ P2 ／ベンゾイソチアゾール
アミスタープリンス粒剤	フィプロニル・アゾキシストロビン粒剤	2B ／フェニルピラゾール＋ 11 ／メトキシアクリレート
嵐プリンス箱粒剤 10	フィプロニル・オリサストロビン粒剤	2B ／フェニルピラゾール＋ 11 ／オキシイミノアセトアミド
ビームプリンス粒剤	フィプロニル・トリシクラゾール粒剤	2B ／フェニルピラゾール＋ 16.1 ／トリアゾロベンゾチアゾール
ブイゲットプリンス粒剤 10	フィプロニル・チアジニル粒剤	2B ／フェニルピラゾール＋ P3 ／チアジアゾールカルボキサミド
フジワンプリンス粒剤	フィプロニル・イソプロチオラン粒剤	2B ／フェニルピラゾール＋ 6 ／ジチオラン
Dr. オリゼスタークル箱粒剤 OS	ジノテフラン・プロベナゾール粒剤	4A ／ネオニコチノイド＋ P2 ／ベンゾイソチアゾール
ロングリーチ箱粒剤	ジノテフラン・プロベナゾール粒剤	4A ／ネオニコチノイド＋ P2 ／ベンゾイソチアゾール
ダントツオリゼメート 10 箱粒剤	クロチアニジン・プロベナゾール粒剤	4A ／ネオニコチノイド＋ P2 ／ベンゾイソチアゾール
ビルダースタークル箱粒剤	ジノテフラン・プロベナゾール粒剤	4A ／ネオニコチノイド＋ P2 ／ベンゾイソチアゾール
ツインターボ箱粒剤 08	クロチアニジン・イソチアニル粒剤	4A ／ネオニコチノイド＋ P3 ／チアジアゾールカルボキサミド
スタウトダントツ箱粒剤	クロチアニジン・イソチアニル粒剤	4A ／ネオニコチノイド＋ P3 ／チアジアゾールカルボキサミド
ゴウケツバスター箱粒剤	ジノテフラン・トルプロカルブ粒剤	4A ／ネオニコチノイド＋ 16.3 ／トルプロカルブ
ビームアドマイヤー粒剤	イミダクロプリド・トリシクラゾール粒剤	4A ／ネオニコチノイド＋ 16.1 ／トリアゾロベンゾチアゾール
ワンリード SP 箱粒剤	クロチアニジン・スピネトラム粒剤	4A ／ネオニコチノイド＋ 5 ／スピノシン
Dr. オリゼフェルテラ粒剤	クロラントラニリプロール・プロベナゾール粒剤	28 ／ジアミド＋ P2 ／ベンゾイソチアゾール
スタウトパディート箱粒剤	シアントラニリプロール・イソチアニル粒剤	28 ／ジアミド＋ P3 ／チアジアゾールカルボキサミド
ツインパディート箱粒剤	シアントラニリプロール・イソチアニル粒剤	28 ／ジアミド＋ P3 ／チアジアゾールカルボキサミド
ルーチンデュオ箱粒剤	シアントラニリプロール・イソチアニル粒剤	28 ／ジアミド＋ P3 ／チアジアゾールカルボキサミド
タチガレエース M 液剤	ヒドロキシイソキサゾール・メタラキシル M 液剤	32 ／イソキサゾール＋ 4 ／アシルアラニン
タチガレエース M 粉剤	ヒドロキシイソキサゾール・メタラキシル M 粉剤	32 ／イソキサゾール＋ 4 ／アシルアラニン

いもち病	白葉枯病	内穎褐変病	苗立枯細菌病	苗立枯病（ピシウム菌）	苗立枯病（フザリウム菌）	苗腐敗症（もみ枯細菌病菌）	穂枯れ（ごま葉枯病菌）	もみ枯細菌病	紋枯病	ウンカ類	カメムシ類	イネクロカメムシ	イネシンガレセンチュウ	イネミズゾウムシ	イネドロオイムシ	コブノメイガ	ニカメイチュウ	フタオビコヤガ	ツマグロヨコバイ	イネツトムシ
○										○				○	○	○	○	○		
○	○	○					○	○	○	○		○		○	○	○	○			○
○										○				○	○	○	○			
○	○								○	○				○	○				○	
○	○	○							○	○				○	○	○	○	○	○	○
○	○	○							○	○				○	○	○	○	○	○	○
○	○	○					○	○		○				○	○	○	○	○	○	○
○	○	○	○			○	○	○		○				○	○	○	○	○	○	○
○	○	○	○			○	○	○		○				○	○	○	○	○	○	
○	○	○				○	○			○				○	○	○	○	○	○	○
○	○	○				○	○	○		○				○	○	○	○	○	○	○
○										○				○	○	○	○	○	○	○
○									○	○						○			○	
○									○	○				○	○	○	○	○	○	○
○	○	○					○	○	○	○				○	○	○	○	○	○	○
○	○	○						○	○	○				○	○	○	○	○	○	○
○	○	○					○	○	○	○				○	○	○	○	○	○	
○	○	○					○	○	○	○				○	○	○	○	○	○	○

実際の農薬使用に当たっては、農薬ラベルに表示されている内容を確認の上、使用する。

農薬名	農薬種類名	RAC コード／系統
Dr. オリゼプリンススピノ粒剤 10	スピノサド・フィプロニル・プロベナゾール粒剤	5 ／スピノシン＋ 2B ／フェニルピラゾール＋ P2 ／ベンゾイソチアゾール
ビルダープリンスグレータム粒剤	フィプロニル・チフルザミド・プロベナゾール粒剤	2B ／フェニルピラゾール＋ 7 ／チアゾールカルボキサミド＋ P2 ／ベンゾイソチアゾール
ピカピカ粒剤	フィプロニル・イソプロチオラン・ピロキロン粒剤	2B ／フェニルピラゾール＋ 6 ／ジチオラン＋ 16.1 ／ピロロキノリノン
エバーゴルフォルテ箱粒剤	イミダクロプリド・イソチアニル・ペンフルフェン粒剤	4A ／ネオニコチノイド＋ P3 ／チアジアゾールカルボキサミド＋ 7 ／ピラゾールカルボキサミド
エバーゴルプラス箱粒剤	イミダクロプリド・クロラントラニリプロール・イソチアニル・ペンフルフェン粒剤	4A ／ネオニコチノイド＋ 28 ／ジアミド＋ P3 ／チアジアゾールカルボキサミド＋ 7 ／ピラゾールカルボキサミド
エバーゴルワイド箱粒剤	イミダクロプリド・クロラントラニリプロール・イソチアニル・ペンフルフェン粒剤	4A ／ネオニコチノイド＋ 28 ／ジアミド＋ P3 ／チアジアゾールカルボキサミド＋ 7 ／ピラゾールカルボキサミド
スタウトダントツディアナ箱粒剤	クロチアニジン・スピネトラム・イソチアニル粒剤	4A ／ネオニコチノイド＋ 5 ／スピノシン＋ P3 ／チアジアゾールカルボキサミド
ルーチンアドスピノ箱粒剤	イミダクロプリド・スピノサド・イソチアニル粒剤	4A ／ネオニコチノイド＋ 5 ／スピノシン＋ P3 ／チアジアゾールカルボキサミド
箱王子粒剤	クロチアニジン・スピネトラム・イソチアニル粒剤	4A ／ネオニコチノイド＋ 5 ／スピノシン＋ P3 ／チアジアゾールカルボキサミド
ツインターボフェルテラ箱粒剤	クロチアニジン・クロラントラニリプロール・イソチアニル粒剤	4A ／ネオニコチノイド＋ 28 ／ジアミド＋ P3 ／チアジアゾールカルボキサミド
ルーチントレス箱粒剤	イミダクロプリド・クロラントラニリプロール・イソチアニル粒剤	4A ／ネオニコチノイド＋ 28 ／ジアミド＋ P3 ／チアジアゾールカルボキサミド
ビームアドマイヤースピノ箱粒剤	イミダクロプリド・スピノサド・トリシクラゾール粒剤	4A ／ネオニコチノイド＋ 5 ／スピノシン＋ 16.1 ／トリアゾロベンゾチアゾール
ビルダーフェルテラチェス GT 粒剤	クロラントラニリプロール・ピメトロジン・チフルザミド・プロベナゾール粒剤	28 ／ジアミド＋ 9B ／ピメトロジン＋ 7 ／チアゾールカルボキサミド＋ P2 ／ベンゾイソチアゾール
フルサポート箱粒剤	イミダクロプリド・スピノサド・チフルザミド・トリシクラゾール粒剤	4A ／ネオニコチノイド＋ 5 ／スピノシン＋ 7 ／チアゾールカルボキサミド＋ 16.1 ／トリアゾロベンゾチアゾール
フルターボ箱粒剤	クロチアニジン・クロラントラニリプロール・イソチアニル・フラメトピル粒剤	4A ／ネオニコチノイド＋ 28 ／ジアミド＋ P3 ／チアジアゾールカルボキサミド＋ 7 ／ピラゾールカルボキサミド
ルーチンアドスピノ GT 箱粒剤	イミダクロプリド・スピノサド・イソチアニル・チフルザミド粒剤	4A ／ネオニコチノイド＋ 5 ／スピノシン＋ P3 ／チアジアゾールカルボキサミド＋ 7 ／チアゾールカルボキサミド
ルーチンエキスパート箱粒剤	イミダクロプリド・スピノサド・イソチアニル・ペンフルフェン粒剤	4A ／ネオニコチノイド＋ 5 ／スピノシン＋ P3 ／チアジアゾールカルボキサミド＋ 7 ／ピラゾールカルボキサミド
箱いり娘粒剤	クロチアニジン・スピネトラム・イソチアニル・フラメトピル粒剤	4A ／ネオニコチノイド＋ 5 ／スピノシン＋ P3 ／チアジアゾールカルボキサミド＋ 7 ／ピラゾールカルボキサミド

1）「平成 30 年度静岡県農薬安全使用指針・農作物病害虫防除基準」（イネ箱施用剤一覧）を一部改変し、引用。
2）データは平成 29 年 12 月 31 日時点のものであり、農薬登録の変更等により使用基準が変更となっている場合があるため、
3）静岡県利用者が本表の情報を用いて行う一切の行為について、何ら責任を負うものではない。
静岡県農林技術研究所病害虫防除所（http://www.s-boujo.jp）

箱施用剤は2年に1回でも十分

鈴木智貴

卵から成虫までが年1回、一度減ると急増しない

イネミズゾウムシ（以下、イネミズ）とイネドロオイムシ（以下、ドロオイ）は東北地方におけるイネの代表的な初期害虫です。イネミズは成虫で越冬し春に休眠から覚めてイネ科植物を食べながら、移植されたイネに移動します。産卵は水面下のイネ葉鞘に行なわれ、孵化後に根へ移動し幼虫・蛹を経過して夏に羽化して新成虫になります。ドロオイも成虫で越冬し、春に覚めて気温が25度を超えるような暖かい日に一勢にイネに移動します。成虫はイネ葉に産卵し、夏までに幼虫、蛹を経過して新成虫が羽化します。

これらの害虫は卵から成虫になるまでが1年間に1回なので、一度個体数が減少すると毎年の薬剤防除が必要になるほど急激に増加しないことが岩手県、山形県の先駆事例からわかっています。そこで、宮城県でも長年にわたり広域で苗箱施用殺虫剤を使用してきた地域において、その使用を中止できるのかを検討しました。

イネミズとドロオイの要防除水準

苗箱施用殺虫剤の使用を中止する際に、何を基準として防除の必要がないといえるのかが必要となります。ここでは要防除水準というものをその基準として用いました。要防除水準とは、その病害虫によって経済的な被害が起こる状態（これを経済的被害許容水準といいます）に達する前に適切な防除を行なうべき水準で、害虫の場合は個体数や被害葉数などによって示されます。言い換えれば、要防除水準に達すれば防除を行なう必要があります。

イネミズの場合はイネの移植時期によって要防除水準が異なることから、宮城県では被害許容水準を減収の割合が5％とした場合に、１００株当たりの成虫数が5月上旬植えで５７０頭、5月中旬植えで１４０頭、5月下旬植えで70頭としています。また、被害葉率（食害を受けた葉の割合、食害の跡が一つでもあれば被害葉とする）からも設定しており、移植時期別にそれぞれ5月上旬植えで56％、5月中旬植えで35％、5月下旬植えで18％としています。

ドロオイの場合は、被害許容水準を減収被害が出始める幼虫密度で設定しており、１００株当たりの成虫数が25頭、あるいは卵塊数が80個を要防除水準としています。

今回は、試験を実施した水田がすべて5月上旬に移植をすませていたことから、イネミズでは被害葉率56％、ドロオイでは卵塊数80個を基準にしています（上表を参照）。

表1　宮城県の要防除水準
（宮城県病害虫・雑草防除指針より抜粋）

害虫名	要防除水準	調査時期	被害許容水準
イネミズ	100株当たりの成虫が570頭	成虫本田侵入最盛期（被害葉率はこの5日後に調査）	減収の割合が5%
	被害葉率が56%		
ドロオイ	100株当たりの成虫が25頭	産卵最盛期	減収の割合が0%
	100株当たりの卵塊が80個	成虫本田侵入最盛期	

注1）イネミズは5月上旬に田植えを行なった場合
注2）表中の太字が今回基準とした要防除水準

箱処理剤を2年中止しても被害は小さかった

宮城県内で長年苗箱施用剤を使用していて、イネミズとドロオイの発生が少なくなっている3地域の農家に協力していただき、同一の水田で苗箱施用殺虫剤の使用を1～2年中止してもらいました。比較する水田として毎年苗箱施用殺虫剤を使ってもらう水田（慣行区）も設置してもらいました。試験は２００８年と２００９年に行なっています。試験を実施した規模や水田の概要は次ページにまとめましたので参照してください。

2年間両害虫の被害や発生量を調査したところ、イネミズの場合、どの地域でも中止したその年の被害葉率と中止2年目の被害葉率が要防除水準の56％には達しませんでした。ドロオイについても同様に、中止1年目、中止2年目の卵塊数が、要防除水準である１００株当たり80個には達しませんでした。これらのことから、苗箱施用殺虫剤の使用を中止しても、少なくとも2年間はイネミズとドロオイの被害が小さいことが宮城県においても実証されました（１４２ページ図）。

現在、農業生産現場では環境に配慮した農業が積極的に取り組まれています。国が定めている「特別栽培農産物に係る表示ガイドライン」に基づく栽培では薬剤の成分数が制限されているため、殺虫剤を1成分でも削減すれば他の病害虫の多発生に対しても対応が容易になります。今回紹介したような方法で、制限されている成分数を節約することも可能であることを頭の片隅に留めていただければ幸いです。

（宮城県古川農業試験場　作物保護部）

次ページへ続く←

薬剤防除を省略した場合のイネミズの被害とドロオイの卵塊数
（2008〜2009、宮城古川農試）

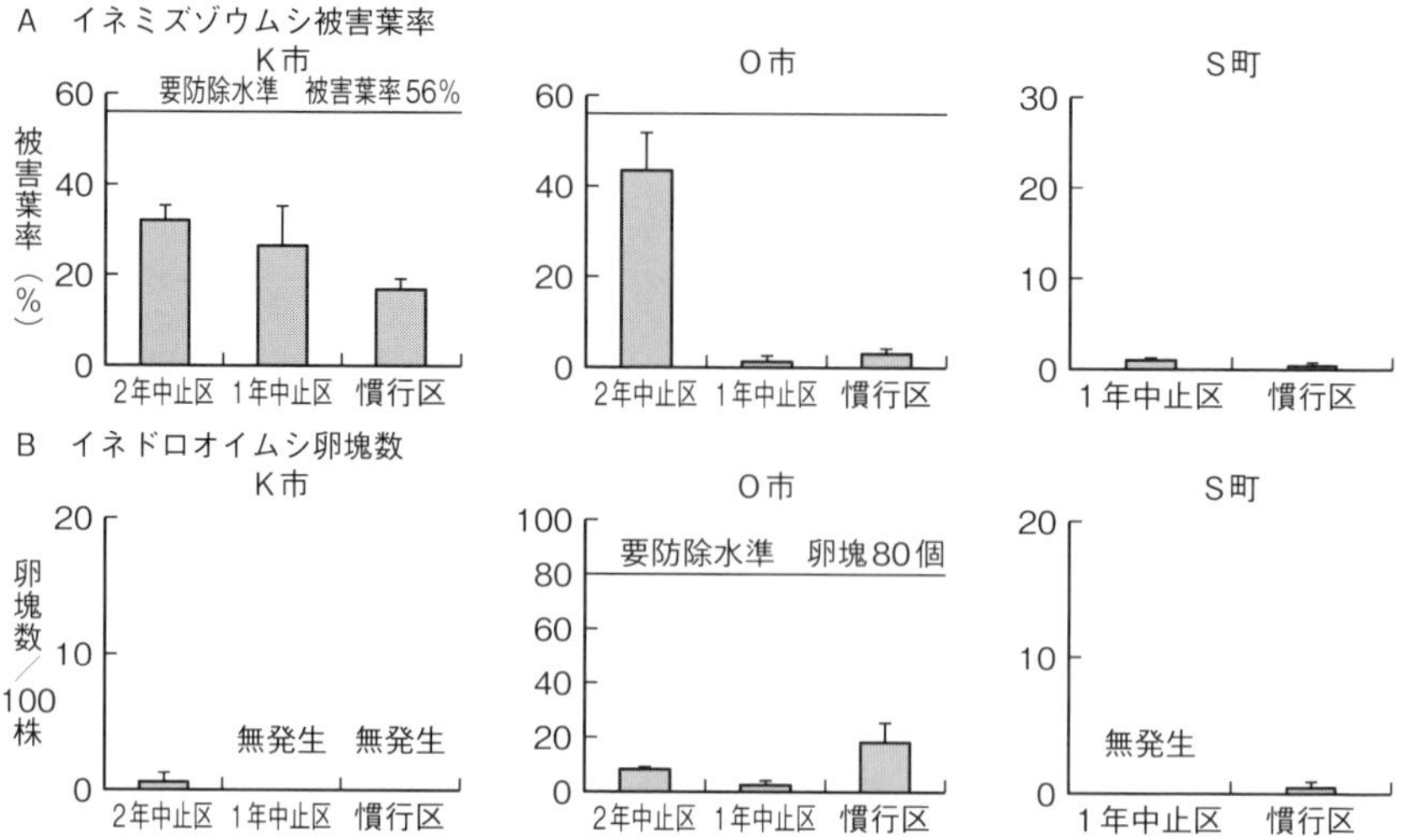

注1）慣行区は防除を毎年行なった水田、中止区は防除を1年あるいは2年省略した水田を示している。
注2）イネミズ、ドロオイともに要防除水準には達しなかった。

試験を実施した規模と地域の栽培概要

年次	調査地	区名	実施規模	作付品種	施用した苗箱施用剤に含まれる成分	
					殺虫成分	殺菌成分
2008	K市	中止区 慣行区	4.0 ha 4.0 ha	ひとめぼれ ひとめぼれ	― フィプロニル	オリサストロビン オリサストロビン
	O市	中止区 慣行区	1.2 ha 4.0 ha	まなむすめ ひとめぼれ	― ジノテフラン	― プロベナゾール
	S町	中止区 慣行区	8.0 ha 8.0 ha	ひとめぼれ ひとめぼれ	フィプロニル フィプロニル	オリサストロビン オリサストロビン
2009	K市	中止区 慣行区	4.0 ha 4.0 ha	ひとめぼれ ひとめぼれ	― フィプロニル	オリサストロビン オリサストロビン
	O市	中止区 慣行区	1.2 ha 4.0 ha	まなむすめ ひとめぼれ	― フィプロニル	― プロベナゾール
	S町	中止区 慣行区	8.0 ha 8.0 ha	ひとめぼれ ひとめぼれ	― フィプロニル	― オリサストロビン

注1）中止区は殺虫成分を含まない箱処理剤を使用。殺菌成分はイモチ病予防成分である。

注2）O市はイモチ病について無防除、2009年のS町は中止区に無人ヘリでイモチ病防除を実施。

注3）フィプロニル・オリサストロビンを含むのは嵐プリンス箱粒剤、同様にフィプロニル・プロベナゾールはDr. オリゼプリンス粒剤、ジノテフラン・プロベナゾールはDr. オリゼスタークル箱粒剤。

掲載記事初出一覧

〈第1章〉

ラベルの表面を見る／裏面を見る

農薬の名前の話

Q　農薬の商品名はカタカナばかりでわかりにくくない？

Q　農薬の「成分」って何のこと？

Q　同じ成分の農薬を使い続けるとどうなる？

Q　系統はどうしたらわかる？

RACコードによる農薬分類一覧

……以上はいずれも2018年6月号

図解　殺虫剤が効く仕組みと系統の関係

……2015年6月号

ＦＲＡＣの分類を活用　殺菌剤で耐性菌を出さない方法　……2015年6月号

登録の話

Q　ミニトマトはトマトと同じ農薬でいいの？

Q　「前日」まで使える農薬なら、夕方まいて翌朝収穫できる？

Q　倍率を薄くするのはいい？

Q　「使用回数」には育苗中の防除も入るの？

Q　登録が変更されたことを知らずにかけた作物は出荷できる？

……以上はいずれも2018年6月号

剤型の話

Q　粉剤と粒剤、水溶剤、水和剤どれがいいの？……2018年6月号

図解　もっと知りたい粒剤の話

……2014年6月号

〈第2章〉

予防剤と治療剤の話

Q　農薬には予防剤と治療剤がある？

図解　予防剤、治療剤はどう効くの？

Q　ラベルに予防剤と治療剤が書いてないのはなぜ？

……以上はいずれも2018年6月号

残効の話

Q　この農薬の効果は何日間続くの？

……2018年6月号

混用の話

Q　混ぜると危険な農薬はどれ？

……2018年6月号

亜リン酸、クエン酸の混用で殺虫剤の効き目がアップする　……2017年6月号

ルーラル電子図書館でも混用事例を見ることができます　……新記事

ナシの抵抗性ハダニ　スミチオン乳剤混用で殺ダニ効果アップ　……2017年6月号

図解　農薬の上手な混ぜ方……2017年6月号

農薬の値段の話

Q　値段の高いほうがよく効く？

Q　まえより農薬は高くなった。これからもどんどん高くなる？

……以上はいずれも2018年6月号

有機JASで使える農薬の話

Q　有機農業でも使える農薬がある？

……2018年6月号

農薬の捨て方の話

Q　タンクの底に残った農薬の処理はどうすればいい？

Q　買って使わなかった農薬はどうすればいい？

Q　有効期限切れの農薬は使えない？

……以上はいずれも2018年6月号

〈第3章〉

まずは「野菜類」に適用のある銅剤・ＢＴ剤・デンプン液剤で……2010年6月号

「野菜類」に登録のある農薬一覧　……新記事

予防万能殺菌剤・銅剤を使いこなす

……2003年6月号

〈第4章〉

マシン油の効果的な使い方……2007年6月号

安くて、こんなにいいクスリ銅剤

……2009年6月号

〈第5章〉

イネ箱施用剤一覧　……新記事

箱処理剤は2年に1回でも十分

……2012年6月号

本書は『別冊 現代農業』2019年7月号を単行本化したものです。

著者所属は、原則として執筆いただいた当時のままといたしました。

撮　影
●依田賢吾
●赤松富仁
●倉持正実

カバー・表紙デザイン
●石原雅彦

今さら聞けない 農薬の話 きほんのき

2019年12月20日　第1刷発行
2025年4月5日　第10刷発行

農文協　編

発行所　一般社団法人　農山漁村文化協会
郵便番号 335-0022 埼玉県戸田市上戸田2-2-2
電 話 048(233)9351(営業)　048(233)9355(編集)
FAX 048(299)2812　振替 00120-3-144478
URL https://www.ruralnet.or.jp/

ISBN978-4-540-19204-3　DTP製作／農文協プロダクション
〈検印廃止〉　印刷・製本／TOPPANクロレ㈱